AF305788

COURS ÉLÉMENTAIRE

DE

PHYSIQUE

RÉDIGÉ CONFORMÉMENT AU PROGRAMME OFFICIEL DE 1920

PAR

J. GAL
INSPECTEUR GÉNÉRAL
DE L'ENSEIGNEMENT PRIMAIRE

J. LEMOINE
PROFESSEUR AGRÉGÉ AU LYCÉE
LOUIS-LE-GRAND

CORRIGÉ

DES EXERCICES ET PROBLÈMES

A l'usage de l'Enseignement primaire supérieur,
des Cours Complémentaires
et des Cours préparatoires aux écoles normales primaires

PAR

H. SEBBAN

PROFESSEUR D'ÉCOLE PRIMAIRE SUPÉRIEURE

PARIS

LIBRAIRIE CLASSIQUE EUGÈNE BELIN

PAUL BELIN

8, RUE FÉROU, 8

A l'angle de la rue de Vaugirard, 50

Tout exemplaire de cet ouvrage non revêtu de ma griffe sera réputé contrefait.

PRÉFACE

Le présent *livre du maître* contient les solutions et réponses des problèmes et questions proposés dans le livre de l'élève.

Nous avons eu surtout le désir de simplifier la tâche du professeur, et de ménager son temps. Il pourra, grâce à ce recueil, apprécier plus facilement la difficulté des questions qu'il donnera à résoudre et contrôler plus rapidement le travail des élèves.

Nous avons pensé que cet ouvrage pouvait rendre aussi de précieux services aux candidats qui se préparent sans directions au brevet élémentaire, au brevet d'enseignement primaire supérieur, au concours des Postes, aux Ecoles Normales, et autres examens analogues.

Il sera utile encore, croyons-nous, aux élèves un peu faibles qui suivent péniblement l'enseignement collectif de leur classe et à ceux dont les parents peuvent diriger les études complémentaires à la maison.

Dans cette intention, nous avons rédigé des solutions et des réponses claires et complètes, mais concises. Il reste à faire un effort intelligent et très profitable, pour en produire une rédaction détaillée.

Toujours dans le même esprit, nous avons cru devoir donner, à la fin de l'ouvrage, des *devoirs d'examens*, donnés aux dernières sessions du brevet élémentaire et du brevet d'enseignement primaire supérieur.

Malgré tout le soin qui a été apporté à la correction des épreuves et à la vérification des calculs, il est possible que quelques erreurs subsistent encore : nous serons reconnaissant à ceux de nos collègues qui les découvriraient de vouloir bien nous les signaler.

Henri SEBBAN.

PREMIÈRE ANNÉE

CHALEUR

CHAPITRE Ier

Température. — Thermomètre à mercure.

(Élève, p. 5.)

1. On sait que le volume du mercure augmente d'une fraction égale à $\frac{1}{6480}$ du volume à 0° quand la température s'élève de 1°.

Ceci posé, on considère un thermomètre dont le réservoir est de 1 cm³. Quel est le volume de la tige entre 0° et 100°? Quelle est la section de la tige, sachant que le degré a pour longueur 1 millimètre?

L'augmentation de volume de 1 cm³ de mercure, chauffé de 0° à 100°, est de :

$$\frac{1^{cm3}}{6480} \times 100 = 0^{cm3},015.$$

Le volume de la tige, entre 0° et 100°, est donc 0^cm3,015.
La longueur de la tige, entre 0° et 100° est 0^cm,1 × 100 = 10 cm.
La section de la tige est donc 0,015 : 10 = 0^cm,0015.

2. On imagine qu'en faisant passer un courant électrique dans un fil métallique à 0° la température s'élève de 1° pendant chaque minute.

On construira le graphique qui représentera les températures successives du fil à partir de 0°.

Explication : La représentation graphique de la température du fil en fonction du temps se fait de la façon suivante :

On trace une horizontale Ox et une verticale Oy (axes).

Entre ces axes, à partir du point O, une droite OABC... telle que la distance de l'un quelconque de ses points à l'axe Oy mesure le temps, tandis que la distance à Ox mesure la température correspondante.

Les points successifs correspondront, par exemple :

```
    A à  1 seconde  et   1 degré,
    B —  2       —      — 2  —
    C —  3       —      — 3  —
         etc.
```

Graphique facile à construire.

3. On met sur le feu une bouillotte, contenant de l'eau à 20°. La température s'élève de $\frac{1°}{5}$ en chaque seconde jusqu'au moment où elle commence à bouillir. Au bout de combien de temps l'ébullition commencera-t-elle ?

On laisse bouillir l'eau, à la température invariable 100°, pendant un temps égal à celui qu'elle avait mis à s'échauffer.

On construira le graphique de la température en fonction du temps.

Pour bouillir, l'eau doit passer de 20° à 100°.

L'élévation de température doit être égale à 100° — 20° = 80°, ce qui nécessite un temps égal à :

$$80 : \frac{1}{5} = 80 \times 5 = 400 \text{ secondes, ou 6 minutes 40 secondes.}$$

Graphique facile à construire, formé d'une droite AB ascendante, et d'un *palier* horizontal BC.

4. Cherchez à vous souvenir approximativement de la valeur de la température dans votre pays, au milieu de la journée, vers le 15 de chaque mois de l'année. Puis, construisez un graphique qui représentera les variations de la température pendant l'année, chaque mois étant figuré par un seul point. Vous joindrez ces points par une courbe continue.

Voici les températures moyennes, observées à Paris, le 15 de chaque mois, pendant l'année 1925 :

Janvier 3°,5 ; février 5° ; mars 3° ; avril 10°,5 ; mai 19°,5 ; juin 16°.5 ; juillet 20° ; août 19°,5 ; septembre 11° ; octobre 4°,5 ; novembre 1°,5 ; décembre 0°.

CHAPITRE II

Thermomètres divers.

(Elève, p. 12.)

1. Tracez un graphique représentant les variations de la température pendant une journée de 24 heures allant de minuit à minuit. Cherchez, pour cela, à vous renseigner sur les valeurs approximatives de la température pendant une journée de la semaine actuelle. Cherchez en particulier à connaître le moment et la valeur du minimum et du maximum de la température.

Voici les moyennes des observations faites aux mêmes heures, depuis 1816 jusqu'à 1831, à l'observatoire de Paris :

2 h., 7°,6 ; 4 h., 7° ; 6 h., 8°,2 ; 8 h., 10°,2 ; 10 h., 12° ; 12 h., 13°,5 ; 14 h., 14°,4 ; 16 h., 13°,4 ; 18 h., 12°,2 ; 20 h., 10°,8 ; 22 h., 9°,5 ; 24 h., 8°,3.

La température est *minima* vers 4 heures et *maxima* vers 14 h.

2. Décrivez, avec dessin, un thermomètre que vous avez vu (ailleurs qu'en classe, si c'est possible).

Pour que l'appareil ne soit pas trop grand, on lui donne la forme de la fig. 1 (*Élève*, p. 4). Un tube dont le canal intérieur est *capillaire*, c'est-à-dire de la grosseur d'un cheveu, porte, à sa partie inférieure, un réservoir. Dans les bons instruments (thermomètres de laboratoires), la graduation est gravée sur le tube. Les thermomètres communs (thermomètres d'appartements) sont fixés à une planchette portant la graduation.

3. On suppose qu'une maladie (fièvre typhoïde) a été caractérisée par les températures suivantes, prises chaque jour à 8 heures du matin. Le premier jour, le thermomètre médical marquait 37°. D'un matin au suivant, la température a monté de $0^\circ,3$ pendant 10 jours. Puis elle est restée stationnaire pendant 8 jours. Puis la maladie étant en décroissance, la température diminuait de $0^\circ,5$ d'un matin au suivant, jusqu'à revenir à 37°. Construire, sur papier quadrillé, le graphique de la température.

C'est un graphique analogue qui est utilisé dans les *feuilles de température*, qui surmontent les lits d'hôpitaux. La température est relevée deux fois par jour, à 8 heures et à 16 heures. L'établissement d'une *courbe thermique*, analogue au graphique précédent, aide énormément le médecin dans son diagnostic.

CHAPITRE III

Dilatation des corps solides.

(Elève, p. 15.)

1. Calculer l'allongement d'un rail en acier de 15 mètres, chauffé de 50°, sachant qu'une barre d'acier de 1 mètre, chauffée de 100°, s'allonge de $1^{mm},2$.

Une barre d'acier de 1 m. chauffée de 50°, s'allonge de $1^{mm},2 : 2 = 0^{mm},6$.
L'allongement du rail est donc : $0^{mm},6 \times 15 = 9$ mm.
Ce problème donne une idée de l'intervalle qu'il faut laisser entre les bouts de deux rails successifs, en prévision de la dilatation qu'ils peuvent avoir quand ils sont exposées au soleil de l'été. (*Élève*, p. 14, § 13.)

2. Calculer l'allongement d'un tuyau de poêle (le fer se dilate comme l'acier) de 3 mètres, chauffé de 200°.
Sauriez-vous imaginer un dispositif expérimental permettant de prouver que le tuyau précédent s'allonge quand on allume le feu?

L'allongement est : $1^{mm},2 \times 3 \times 2 = 7^{mm},2$.
Pour démontrer expérimentalement que le tuyau précédent s'allonge quand on allume le feu, il suffirait de fixer solidement à l'extrémité supérieure une pointe dont l'extrémité peut glisser sur le mur. On enduit le mur de suie, puis on allume le feu. Quand le poêle sera éteint, la pointe aura repris sa position première, mais elle aura rayé le mur, ce qui prouve bien que le tuyau s'est allongé.

3. Quel volume prend 1 décimètre cube de zinc chauffé de 0°
à 100° ? On sait qu'un mètre de zinc se dilate de 3 mm. dans ces
conditions.

1 dm. de zinc, chauffé de 0° à 100°, se dilate de 3 mm. $\cdot$ 10 $= 0^{mm},3$.
1 dm³ de zinc à 0° devient, à 100°, un nouveau cube dont l'arête est :
$$1^{dm} + 0^{mm},3 = 1^{dm},003.$$
Le volume cherché est donc : $(1,003)^3 = 1^{dm3},009$.

4. Entre deux poteaux A et B, écartés de 50 mètres, on a tendu
un fil de cuivre rectiligne AB pour le transport de l'électricité.
Quand la température s'élève, le fil descend suivant la courbe
ACB. Confondre la courbe ACB avec la ligne brisée AC + CB formée de deux droites égales, et démontrer que, si le point C est
descendu de 1 mètre au-dessous de AB, l'élévation de température
est encore inférieure à 50°.

Expliquer que ces fils peuvent se rompre par les grands froids.

Du point C, j'abaisse la perpendiculaire CD sur AB. Le triangle ACB étant
isocèle, puisque AC = CB, la hauteur CD est aussi médiane ; donc DA = DB = 25 m.

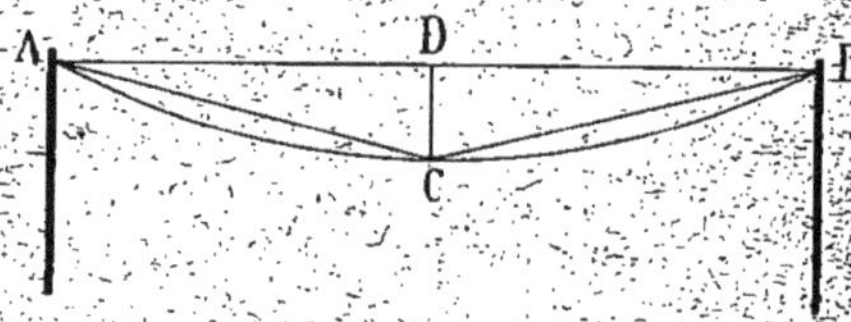

Le théorème de Pythagore, appliqué au triangle rectangle ADC, donne :
$$\overline{AC}^2 = \overline{AD}^2 + \overline{DC}^2$$
ou :
$$\overline{AC}^2 = (25)^2 + 1^2 = 626$$
d'où :
$$AC = \sqrt{626} = 25^m,0199.$$
Par suite,
$$ACB = 25^m,0199 \times 2 = 50^m,0398.$$
Le fil AB s'est donc allongé de $0^m,0398$. Or, 1 m. de cuivre, chauffé de 100°
s'allonge de $1^{mm},8$ (*Élève*, p. 14, § 12). Par suite, 50 m. de cuivre, chauffés de 1°
s'allongent de :
$$\frac{1^{mm},8 \times 50}{100} = 0^{mm},9.$$

L'élévation de température est donc $39,8 : 0,9 = 44°$, inférieure à 50°.
Sous l'influence du froid, le fil se contracte ; s'il est bien tendu, et si l'abais-
sement de température est assez grand, la tension extrême du fil pourra entraîner
sa rupture.

5. Construire le graphique qui donne la dilatation d'une barre
métallique dont la longueur est 1 mètre à zéro, et que l'on chauffe
successivement à 100°, 200°, 300°, 400°, 500°. On supposera que la
barre est en fer, ou en cuivre, ou en zinc, et on tracera les trois
graphiques sur la même figure.

Pour les allongements, voir *Élève*, p. 14, § 12.

CHAPITRE IV

Dilatation des corps liquides.

(Élève, p. 22.)

1. Un vase en verre est gradué et chaque division a pour volume 1 cm³ à 0° et $1^{cm3},0026$ à 100°. On introduit dans ce vase 1 litre d'eau à 0°, puis on chauffe à 100°. De combien de divisions s'élèvera le niveau de l'eau ? (Voir § 15.)

1 l. d'eau, chauffé de 0° à 100°, se dilate de 42^{cm3}. L'eau introduite dans le vase occupe donc à 100° un volume de $1\,000 + 42 = 1\,042$ cm³. Chacune des divisions du vase a pour volume $1^{cm3},0026$ à 100°. L'eau occupera donc, à 100°, un nombre de divisions égal à
$$1\,042 : 1,0026 = 1\,039 \text{ environ.}$$
Le niveau de l'eau s'élèvera de 39 divisions.

2. On introduit dans le vase précédent 1 litre de mercure à 0°, puis on chauffe à 100°. De combien de divisions s'élèvera le niveau du mercure ? (Voir § 15.)

1 l. de mercure, chauffé de 0° à 100°, se dilate de 18 cm³. Le mercure introduit dans le vase occupe donc à 100° un volume de 1018^{cm3}. Chacune des divisions du vase ayant pour volume $1^{cm3},0026$, le mercure occupera, à 100°, un nombre de divisions égal à
$$1018 : 1,0026 = 1\,015 \text{ environ.}$$
Le niveau du mercure s'élèvera de 15 divisions.

3. Le réservoir d'un thermomètre à mercure a un volume de 1 cm³. Le degré a une longueur de 2 mm. Quelle est la section de la tige ? (Suite de l'exercice 2.)

1 cm³ de mercure, chauffé de 1°, se dilate de : $\dfrac{18 \text{ cm}^3}{1\,000 \times 100} = 0^{cm3},00018$ ou $0^{mm3},18$.

Le degré ayant une longueur de 2 mm., la section de la tige est :
$$0,18 : 2 = 0^{mm2},09.$$
Nous avons négligé la dilatation du verre, qui n'est que $0^{cm3},0026 : 100 = 0^{cm3},000026$ ou $0^{mm3},026$ par cm³ de verre et par degré.

CHAPITRE V

Quantité de chaleur : calorie, chaleur spécifique.

(Élève, p. 29.)

1. Un calorimètre en cuivre pèse 100 grammes et contient 1 litre d'eau à 12°. Quelle est la chaleur qu'il absorbe en passant à 17° ?

On sait que 1 gramme de cuivre, en s'échauffant de 1°, absorbe 0,1 calorie.

En passant de 12° à 17°, le calorimètre s'échauffe de 5°.
Puisque 1 gr. de cuivre, en s'échauffant de 1°, absorbe 0,1 calorie, 100 gr. de cuivre, en s'échauffant de 5°, absorbent :
$$0^{cal},1 \times 100 \times 5 = 50 \text{ calories.}$$
Puisqu'un gramme d'eau, en s'échauffant de 1°, absorbe 1 calorie, 1 l. ou 1 000 gr. d'eau, en s'échauffant de 5°, absorbent :
$$1^{cal} \times 1\,000 \times 5 = 5\,000 \text{ calories.}$$
Le calorimètre absorbe une quantité de chaleur égale à :
$$50 + 5\,000 = 5\,050 \text{ calories.}$$

2. Un petit jardin carré, ayant 10 m. de côté, est exposé perpendiculairement aux rayons du Soleil. Quelle est la quantité de chaleur qu'il reçoit en 1 heure ?

La surface du jardin est 100 m² ou 1 000 000 cm². On sait que le soleil envoie, par minute, 3 calories sur chaque cm² d'une surface perpendiculaire aux rayons lumineux (*Élève*, p. 28).
La quantité de chaleur reçue par le jardin en une heure est donc :
$$3^{cal} \times 1\,000\,000 \times 60 = 180.000.000 \text{ calories.}$$

3. Quelle est la chaleur que recevrait, en une heure, un cercle ayant un rayon égal à celui de la Terre, et exposé perpendiculairement aux rayons du Soleil?
Quel est le poids de charbon qu'il faudrait brûler pour produire la même quantité de chaleur?

Le rayon de la Terre est : $\dfrac{40\,000^{km}}{2 \times 3,14} = 6\,366$ km. environ.
La surface d'un cercle ayant un rayon égal à celui de la Terre est :
$$\frac{40\,000 \times 6\,366}{2} = 127.320\,000 \text{ km² ou } 1\,273\,200\,000\,000\,000 \text{ cm².}$$
La quantité de chaleur reçue en 1 h. par le cercle considéré est :
$$3^{cal} \times 1\,273\,200\,000\,000\,000 \times 60 = 229\,176\,000\,000\,000\,000 \text{ calories.}$$
1 gr. de charbon dégageant en brûlant 8 000 calories (*Élève*, p. 27, § 23), le poids du charbon qu'il faudrait brûler pour produire la même quantité de chaleur est donc :
$$229\,176\,000\,000\,000\,000 : 8\,000 = 28\,647\,000\,000\,000 \text{ g. ou } 28\,647\,000 \text{ tonnes.}$$
Les exercices 2 et 3 permettent de se rendre compte des torrents de chaleur que verse le Soleil en quelques heures sur nos champs. Le Soleil est pour la Terre une source merveilleuse de chaleur et d'énergie auprès de laquelle les autres ne comptent guère.

CHAPITRE VI

Fusion de la glace. — Solidification de l'eau.

(Élève, p. 35.)

1. Une carafe frappée contient 1000 grammes de glace. On y verse de l'eau à 20°, qui se refroidit à 0°, qu'on vide et qu'on rem-

place encore par de l'eau à 20°, et ainsi de suite. Quelle est la quantité d'eau qui peut être ainsi refroidie? La carafe frappée ayant coûté 15 centimes, quel est le prix de revient de 1 litre d'eau amené à la température de 0° ?

L'eau à 20°, qui s'est refroidie à 0°, a cédé une certaine quantité de chaleur à la glace : celle-ci a simplement fondu, a changé d'état, sans changer de température.

1 gr. de glace absorbant, pour fondre, 80 cal. (*Élève*, p. 34, § 29), 1 000 gr. de glace absorbent 80 000 cal., qui ont été cédées par l'eau à 20°, refroidie à 0°.

La quantité d'eau qui peut être ainsi refroidie est :
$$80\,000 : 20 = 4\,000 \text{ gr., soit 4 litres.}$$
Le prix de revient de 1 l. d'eau ainsi amené à la température de 0° est donc :
$$0^{fr},15 : 4 = 0^{fr},0375.$$

2. Le tableau suivant représente les observations qui ont été faites pendant la fusion de la glace au paragraphe 109 :

Echauffement de la glace.

Minutes......	0	1	2	3	4	5
Températures..	—5°	—4°	—3°	—2°	—1°	0°

Fusion de la glace.

Minutes....	5	6	7	163	164	165
Températures..	0°	0°	0°	0°	0°	0°

Echauffement de l'eau.

Minutes....	165	166	167	168	169
Températures..	0°	0°,5	1°	1°,5	2°

Construire le graphique des températures en fonction du temps. On obtient la figure suivante :

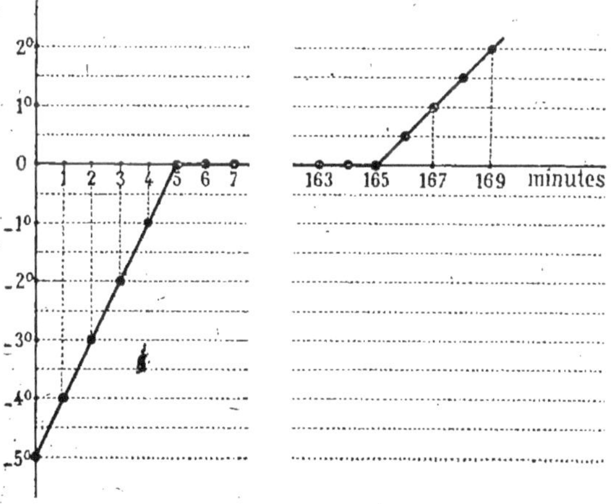

3. On suppose qu'on observe le thermomètre pendant la congélation de l'eau. On établira, comme dans l'exercice précédent, le tableau des températures observées à la fin de chaque minute, et on traduira ce tableau par un graphique.

Refroidissement de l'eau.

Minutes.	0	1	2	3	4
Températures	2°	1°,5	1°	0°,5	0°

Solidification de l'eau.

Minutes.	4	5	6	162	163	164
Températures	0°	0°	0°	0°	0°	0°

Refroidissement de la glace.

Minutes.	164	165	166	167	168	169
Températures	0°	—1°	—2°	—3°	—4°	—5°

Le graphique est inverse du précédent.

CHAPITRE VII

Conductibilité. — Protection contre le froid et la chaleur.

(Élève, p. 44.)

1. Refroidissement d'un corps chaud. Un corps pris à 10° est placé dans une salle dont la température est 0°. Pendant chaque minute, la température du corps s'abaisse des deux dixièmes de la valeur qu'elle avait au commencement de chaque minute. On dressera le tableau des températures du corps à la fin de chaque minute jusqu'à la 20° (on s'arrêtera dans le calcul aux dixièmes de degré). Ensuite, on construira la courbe des températures en fonction du temps.

1re minute : $10° \times 0,8 = 8°$; 2e minute : $8° \times 0,8 = 6°,4$; 3e minute : $6°,4 \times 0,8 = 5°,1$; 4e minute : 4° ; 5e minute : 3°,2 ; 6e minute : 2°,5 ; 7e minute : 2° ; 8e minute : 1°,6 ; 9e minute : 1°,2 ; 10e minute : 0°,9 ; 11e minute : 0°,7 ; 12e minute : 0°,5 ; 13e minute : 0°,4 ; 14e minute : 0°,3 ; 15e minute : 0°,2 ; 16e minute : 0°,1 ; 17e, 18e, 19e, 20e minutes : 0°.

2. Expliquer comment, dans le calorimètre (*fig.* 16), on a évité les pertes de chaleur par rayonnement, par conductibilité et par convection.

On évite les pertes de chaleur *par rayonnement* en prenant comme vase calorimétrique un vase métallique *poli*, car l'expérience apprend que les métaux polis rayonnent très peu. (*Élève*, p. 295.)

On évite les pertes de chaleur *par conductibilité* en prenant un vase calorimétrique *à parois minces*, et en faisant reposer le calorimètre sur *trois bouchons de liège*, mauvais conducteurs de la chaleur.

On évite les pertes de chaleur *par convection* en plaçant le calorimètre dans un autre récipient métallique, poli intérieurement, qui servira d'enceinte protectrice.

PESANTEUR

CHAPITRE VIII

Balance.

(Elève, p. 52.)

1. Sur le même plateau d'une balance, un pharmacien met une bouteille vide et des poids valant 300 gr. Il en fait la tare. Puis il remplit d'eau la bouteille et, pour que l'équilibre persiste, il ne doit laisser que 180 gr. dans le plateau. Faire une figure schématique de ces opérations. Quel est le poids de l'eau contenue dans la bouteille ? Quelle est la capacité de la bouteille ?

Le pharmacien a opéré par double pesée. Les deux équilibres peuvent se représenter ainsi :

(1) Bouteille vide + 300ᵍ en B ... équilibre ... Tare en A.
(2) Bouteille pleine + 180ᵍ en B ... équilibre ... Tare en A.

La comparaison de ces deux équilibres montre que l'eau contenue dans la bouteille pèse : 300ᵍ — 180ᵍ = 120ᵍ. La capacité de la bouteille est donc 120 cm³

2. Un fil de fer de 50 centimètres de longueur pèse 1 gramme. Comment peut-on avec ce fil réaliser des poids de 1, 2, 5 décigrammes ?

La réalisation des poids en centigrammes ne serait-elle pas difficile ? Imaginez, en vous servant d'une filière, un artifice qui rendrait ensuite cette opération plus facile.

Si le fil est régulier, c'est-à-dire a partout la même section, il suffit de prendre les 0,1 ; 0,2 ; 0,5 du fil, soit 5 cm., 10 cm., 25 cm. du fil, pour réaliser des poids respectifs de 1, 2, 5 dg.

Pour réaliser un poids de 1 cg., il faudrait prendre 0,01 du fil, soit 5 mm., ce qui, pratiquement, serait d'une réalisation difficile. Aussi vaut-il mieux chercher à diminuer la section du fil plutôt que diminuer sa longueur. Pour réaliser 1 cg., on peut prendre 8 cm. de fil (poids 16 cg) et faire passer ce fil à travers les trous d'une filière dont les sections deviendraient, de l'un à l'autre, 2 fois plus petites. Au bout de 4 opérations, 8 cm. de fil pèseraient 1 cg.

CHAPITRE IX

Capacité d'un flacon. — Volume d'un solide. Densités.

(Elève, p. 60.)

1. Une pierre de taille pèse 400 kilogrammes et a pour dimensions : 0ᵐ,4, 0ᵐ,5, 1 m. Quelle est sa densité ?

Volume de la pierre : 0,4 × 0,5 × 1 = 0ᵐ³,020 ou 20 dm³.
Densité de la pierre : 400 : 20 = 20.

2. Un fil de fer pèse 25ᵍ,14. Sa longueur est de 1 mètre. Sachant que la densité du fer est 8, calculer :

    1° la section du fil ;
    2° son diamètre.

Volume du fil de fer... 25,14 : 8 = 3cm3,14.
Section du fil... 3,14 : 100 = 0cm2,0314.
Rayon du fil : $\sqrt{0,0314 : 3,14} = 0$cm,1.
Diamètre du fil : 0cm,1 × 2 = 0cm,2.

3. Connaissant la densité du mercure, 13,6, calculer le poids de 1 litre et le poids de 10 litres. Calculer le volume de 1 kilogramme et celui de 10 kilogrammes de mercure.

Poids de 1 l. de mercure : 13kg,6 ; poids de 10 l. : 136 kg.
Volume de 1 kg. de mercure : 1 : 13,6 = 0l,0735 ; de 10 kg... 0l,735.

4. Un tonneau étant plein d'eau, un enfant s'y est plongé complètement en chassant une partie de l'eau qui a débordé. Après la sortie de l'enfant, pour remplir à nouveau le tonneau, il faut y vider 5 arrosoirs de 10 litres chacun. Quel est le volume du corps de l'enfant ? D'autre part, l'enfant pèse 51 kg. Quelle est sa densité ?

Volume du corps de l'enfant : 10 l. × 5 = 50 l.
Densité : 51 : 50 = 1,02.

5. Devoir à faire à la maison :
Vérifier, comme au § 5o, qu'une bouteille a 1 litre de capacité.
Déterminer la capacité d'une bouteille ordinaire.
Vérifier les biberons gradués.
Vérifier les flacons gradués des pharmaciens. Un chiffre inscrit sur le fond donne le nombre de grammes d'eau que contient le flacon.

Pour vérifier qu'une bouteille a bien 1 l. de capacité, il suffit de placer cette bouteille vide et un poids de 1 kg. dans l'un des plateaux d'une balance, et de faire la tare sur l'autre plateau. En ôtant le poids de 1 kg. et en remplissant la bouteille d'eau, l'équilibre doit persister.
Réponses analogues aux autres questions.

CHAPITRE X

Mesure des poids par le dynamomètre

(Élève, p. 67.)

1. On tracera le graphique qui donne l'allongement du ressort du paragraphe 56, quand la charge croît. Un poids de 1 kilogramme sera représenté par une longueur de 1 centimètre. Les allongements seront représentés en vraie grandeur.
On expliquera ensuite comment on peut, sur ce graphique

trouver l'allongement produit par une charge qui ne serait pas un nombre entier de kilogrammes.

On expliquera de même comment on peut, sur ce graphique, trouver la charge produisant un allongement qui ne serait pas un nombre entier de centimètres.

Pour trouver sur ce graphique l'allongement produit par une charge quelconque, $2^{kg},5$ par exemple, il suffit de mener, par le point A de Ox, tel que $OA = 2^{kg},5$, la parallèle à Oy, qui coupe le graphique en un point B, que l'on rapporte en C sur Oy. On trouve $OC = 2^{cm},5$, donnant l'allongement cherché.

Pour trouver la charge produisant un allongement donné, $1^{cm},6$ par exemple, il suffit de mener, par le point D de Oy, tel que $OD = 1^{cm},6$, la parallèle à Ox, qui coupe le graphique en un point E, que l'on rapporte en F sur Ox. On trouve $OF = 1^{kg},6$, donnant la charge cherchée.

2. Chaque élève se procurera un fil de caoutchouc capable de subir un allongement de quelques centimètres pour une charge de 50 grammes. Il attachera à ce fil les poids suivants : 50 gr., 100 gr., 150 gr., 200 gr., 250 gr, 300 gr., 350 gr., 400 gr., 450 gr., 500 gr., et mesurera les allongements correspondants.

Il tracera le graphique des allongements en fonction des poids. Quelles différences présente ce graphique avec celui du ressort ? Les allongements, correspondant à des charges qui croissent chaque fois de 50 gr., croissent-ils eux-mêmes d'un même nombre de centimètres chaque fois ?

L'élève donnera un dessin et des explications faisant comprendre les détails de l'installation de l'expérience qui lui a permis de faire ces mesures.

Prenons un fil de caoutchouc à section carrée (dont les enfants se servent pour faire des lance-pierres), fixons-le à un clou par une extrémité ; à l'autre bout, adaptons un crochet (piton ou hameçon) que suspend un plateau léger (couvercle de boîte métallique) ; une longue aiguille (aiguille à tricoter) traverse horizontalement le fil de caoutchouc, près du crochet, de façon à pouvoir mesurer, en se déplaçant le long d'une règle plate graduée en cm., l'allongement du fil.

Avec un fil de 50 cm. nous avons fait les mesures suivantes :

Poids	Allongements.	Poids	Allongements.	Poids.	Allongements.
50 gr.	1 cm.	250 gr.	5 cm.	400 gr.	10 cm.
100 gr.	2 cm.	300 gr.	7 cm.	450 gr.	12 cm.
150 gr.	3 cm.	350 gr.	8 cm.	500 gr.	14 cm.
200 gr.	4 cm.				

Les allongements, correspondant à des charges qui croissent chaque fois de 50 gr., ne croissent pas eux-mêmes d'un même nombre de cm. chaque fois.

3. Observer les ressorts intercalés entre la caisse d'une voiture et les essieux des roues. En quoi ces ressorts diffèrent-ils du dynamomètre de la figure 45 ? Pourquoi les lamelles d'acier de plus en plus courtes sont-elles placées à l'extérieur du ressort, tandis qu'elles sont à l'intérieur dans la figure 45 ? Observer et expliquer le mode d'attache des extrémités des ressorts et le jeu qu'elles présentent. Voir en particulier les ressorts d'une automobile de luxe. Accompagner ces explications de nombreux dessins.

La caisse d'une voiture repose sur des ressorts amortisseurs de chocs, formés, comme le dynamomètre de la figure 45, de lames d'acier flexibles qui diffèrent du dynamomètre en ce que les lamelles d'acier de plus en plus courtes sont placées à l'extérieur du ressort, tandis qu'elles sont à l'intérieur dans la figure 45. Cela s'explique aisément : les ressorts de voiture supportent des forces qui agissent à la rencontre l'une de l'autre, les ressorts tendant alors à s'aplatir; dans le dynamomètre de la figure 45, il y a deux forces qui, en agissant, s'éloignent l'une de l'autre, les ressorts tendant alors à s'élargir.

Le jeu que présentent les extrémités des ressorts de voitures est établi pour rendre ces ressorts flexibles et, par conséquent, moins cassants, donc pour amortir les chocs sans nuire à leur élasticité.

CHAPITRE XI

Direction de la pesanteur. — Verticales. Direction des forces.

(Elève, p. 76.)

1. Cherchez à inventer un appareil analogue au niveau des maçons, mais qui serait commode pour vérifier l'horizontalité des plafonds.

Faites une figure de l'appareil, installé sous un plafond horizontal, une autre figure pour un plafond qui s'abaisse à droite, une autre figure pour un plafond qui s'abaisse à gauche.

Pour vérifier l'horizontalité des plafonds, il suffirait de prendre le niveau des maçons lui-même (*Elève*, p. 72, fig. 51), dans lequel on a inversé la position du fil à plomb, qui serait maintenu attaché en D. Le trait de repère serait en A et il serait tel que le fil DA serait perpendiculaire à la base BC quand il couvrirait le trait, la base BC étant alors horizontale.

Il est facile de faire trois figures analogues à celle de la figure 52, pour répondre aux questions de l'énoncé.

2. On suppose que deux fils à plomb sont attachés au sommet de la tour Eiffel, dont la hauteur est de 3oo mètres, et que leurs points d'attache sont écartés, sur une même horizontale, de 10 mètres. Démontrer que ces deux fils en rencontrant le sol se seront rapprochés de un demi millimètre.

On prendra 6 ooo kilomètres pour le rayon de la Terre.

La distance des points d'attache A et B étant un arc de 10 m. sur une circonférence dont le rayon est 6 000 000 + 300 = 6 000 300 m., l'angle AOB vaut

$$\frac{360° \times 10}{2 \times 3,14 \times 6 000 300},$$ O étant le centre de la Terre.

La distance des points C et D, où les deux fils à plomb rencontrent le sol, est la longueur de l'arc CD de la circonférence terrestre,

$$\text{soit } 2 \times 3,14 \times 6 000 000 \times \frac{\dfrac{360 \times 10}{2 \times 3,14 \times 6 000 030}}{360} = \frac{2 \times 3,14 \times 6 000 000 \times 360 \times 10}{2 \times 3,14 \times 6 000 300 \times 360}$$

$$= \frac{6 000 000}{600 030} \text{ de m.}$$

En rencontrant le sol, les 2 fils se sont rapprochés de :

$$10^m - \frac{6\,000\,000^m}{600\,030} = \frac{6\,000\,300 - 6\,000\,000}{600\,030} = \frac{300^m}{600\,030} = \frac{100^m}{200\,010},$$

soit environ $\frac{100^m}{200\,000}$ ou $\frac{1^m}{200}$, c'est-à-dire un demi-millimètre.

3. Calculer en degrés, minutes et secondes, l'angle de deux verticales séparées, sur la surface de la Terre, par les distances de :

10 000 km.   1000 km.   100 km.   10 km.   1 km.

L'angle de deux verticales séparées, sur la surface de la Terre, par une distance de 10 000 km., est : $360° : 4 = 90°$; pour 1000 km., $90° : 10 = 9°$; pour 100 km., 54'; pour 10 km., 5'24''; pour 1 km., 32'',4.

CHAPITRE XII

Point d'application du poids d'un corps.
Centre de gravité. — Point d'application d'une force quelconque.

(Élève, p. 86.)

1. Où est le centre de gravité d'un bouchon? Calculer le poids d'un disque métallique (pièce de monnaie) qu'il faudrait coller sur l'une des bases du bouchon pour amener le centre de gravité au quart de la hauteur.

Le bouchon est un cylindre; son centre de gravité est donc au milieu de son axe.

En collant un disque métallique à la base inférieure du bouchon, pour amener le centre de gravité au quart de la hauteur, il faut que le poids du bouchon situé au-dessus du plan horizontal passant par G soit égal au poids du bouchon situé au-dessous. Le poids du disque doit donc être égal à la moitié du poids du bouchon.

2. Où est le centre de gravité d'un cube (figure du cube vu de face)? De quel angle faut-il le faire tourner pour qu'il bascule (figure du cube, vu de face) dans cette position critique?

Le centre de gravité d'un cube est situé au centre du cube (point de rencontre des diagonales).

Le cube est en équilibre parce que son centre de gravité G est dans une position telle que son poids P rencontre une résistance vers la base AB. Pour que le cube bascule quand on le fait tourner autour de l'arête A, il faut amener G à tomber en A, ce qui nécessite une rotation d'un angle de 45°.

3. Où est le centre de gravité d'un homme? Imaginez que, pour le déterminer, on le suspende par une corde attachée à la ceinture.

Un homme debout, dans la position du soldat sans armes, par exemple, a un plan de symétrie dans lequel se trouve son centre de gravité.

SEBBAN. — CORRIGÉ DES EXERC. ET PROBL.

Si on le suspend par la ceinture, le point où l'axe de la corde de suspension coupe ce plan est le centre de gravité : il se trouve approximativement au milieu de la ligne droite qui joint la tête des deux fémurs.

4. Quel mouvement faut-il donner au corps pour se tenir immobile sur une jambe ? Expliquez que si le côté du corps est appliqué contre un mur, il est impossible de se maintenir debout sur la seule jambe qui est appliquée contre le mur.

Dans la position normale, c'est-à-dire quand nous sommes debout sur nos deux jambes, notre centre de gravité tombe à l'intérieur du polygone de base formé par nos deux pieds. Si nous levons une jambe, le centre de gravité tombe maintenant à l'extérieur du polygone de base formé par le pied restant. Pour conserver l'équilibre, il faut ramener la verticale du centre de gravité à tomber à l'intérieur du polygone de base et, pour cela, il faut se pencher du côté de la jambe qui supporte le corps. Ainsi, si l'on veut se tenir immobile sur la jambe droite, il faut se pencher vers la droite.

On s'explique alors aisément pourquoi il est impossible de se maintenir debout, sur la seule jambe appliquée, avec le côté du corps, contre un mur, car le mouvement qui doit ramener la verticale du centre de gravité à tomber à l'intérieur du polygone de base est impossible.

CHAPITRE XIII

Distinction entre la masse d'un corps et son poids. — Unités.

(Elève, p. 91.)

1. Calculer la force nécessaire pour soutenir 76 cm³ de mercure.

Poids de 76 cm³ de mercure : $13^g,6 \times 76 = 1\,033$ gr. environ.

Force nécessaire... $1\,033 : \dfrac{1}{981} = 1\,033 \times 981 = 1\,013\,373$ dynes.

2. Quel est le volume de mercure qui serait attiré vers le sol par une force de 1 mégadyne, à Paris, au Pôle, à l'Equateur ?

A Paris, 1 mégadyne valant $\dfrac{1\,000\,000}{981}$ de gr., le volume demandé est :

$$\dfrac{1\,000\,000}{981} : 13,6 = 74^{cm3},953.$$

Au Pôle, le volume est $\dfrac{1\,000\,000}{983} : 13,6 = 74^{cm3},801.$

A l'Équateur : $\dfrac{1\,000\,000}{978} : 13,6 = 75^{cm3},183.$

3. L'unité de travail du système C. G. S. étant celui d'une force qui déplace son poids d'application, dans sa direction, de 1 centimètre, et ayant le nom d'*erg*, on calculera la valeur du kilogrammètre en ergs.

$$1 \text{ dyne} = \frac{1}{981} \text{ g.} = \frac{1}{981\,000} \text{ kg.} \; ; \; 1 \text{ cm.} = \frac{1}{100} \text{ m.}$$

Le kilogrammètre étant le travail d'un kg. qui déplace son point d'application de 1 m., il en résulte que :

$$1 \text{ erg} = \frac{1}{981\,000 \times 100} \text{ kilogrammètre.}$$

d'où : 1 kilogrammètre = 98 100 000 ergs

4. L'unité de puissance étant celle du moteur qui effectue. en une seconde, 10 000 000 d'ergs, et ayant le nom de *watt*, on calculera la valeur du cheval-vapeur (75 kilogrammètres par seconde) en watts.

75 kilogrammètres valent : 98 100 000^{ergs} × 75 = 7 357 500 000 ergs.
Le cheval vapeur vaut... 7 357 500 000 : 10 000 000 = 735^{watts},75.

5. Le kilowatt valant 1000 watts, on calculera la valeur du cheval-vapeur en kilowatts. On démontrera que l'on a sensiblement

$$4 \text{ chevaux-vapeur} = 3 \text{ kilowatts.}$$

1 cheval-vapeur valant sensiblement 736 watts, ou 0^{kilowatt},736, 4 chevaux-vapeur valent : 0^{kw},736 × 4 = 2^{kilowatts},944, soit sensiblement 3 kilowatts.

***

CHAPITRE XIV

Surface des liquides.

(Élève, p. 100.)

1. Un niveau d'eau est installé sur une route rectiligne, entre deux règles distantes de 5o mètres. Les hauteurs des points visés au-dessus du sol sont respectivement 1^{m},5o et 1 m. En déduire la distance verticale des pieds des deux règles. En supposant que la route continue à s'abaisser d'une pente régulière, quel est le chemin qu'il faut parcourir, sur cette route, pour descendre verticalement de 10 mètres ?

On a : MC = 1^{m},50 et mD = 1 m. (*Élève*, p. 99, fig. 77.)
d'où : distance verticale CD = 1^{m},50 — 1^{m} = 0^{m},50.
La route s'abaissant de 0^{m},50 par 50 m. de parcours, pour descendre verticalement de 10 m., il faut parcourir : $\dfrac{50^{\text{m}} \times 10}{0,50} = 1\,000$ m.

2. On dit que la route précédente est à la pente de 1 pour 100. Que signifie cette expression ? — Qu'est-ce qu'une route à la pente de 2 pour 100, de 5 pour 100 ? Pourquoi, dans la montagne, les routes sont-elles tracées en lacets ?

La route précédente s'abaisse de $\dfrac{0^{\text{m}},50 \times 100}{2} = 1$ m. par 100 m. de parcours :

on dit que la pente est de 1 %.

Une route à la pente de 2 °/₀ s'abaisse de 2 m. par 100 m. de parcours ; une route à la pente de 5 °/₀ s'abaisse de 5 m. par 100 m. de parcours.

Dans la montagne, où la pente est très grande, les routes ne sont pas tracées en ligne droite, sinon leur ascension et leur descente seraient dangereuses ; elles sont tracées en lacet, elles serpentent, de façon à augmenter le parcours et, par suite, à diminuer la pente.

CHAPITRE XV

Pressions exercées par les liquides.

(Elève, p. 105.)

1. Un tonneau est dressé de façon que les deux fonds sont des plans horizontaux. Dans le fond supérieur, se trouve planté un long tube vertical ouvert à sa partie supérieure. On remplit le tout, tonneau et tube vertical, avec de l'eau.

1° Faire la figure qui représente l'expérience.

2° Sachant que la distance du fond inférieur à la surface libre est de 10 mètres, calculer, en kilogrammes par cm^2, la pression qui s'exerce sur le fond.

3° Sachant que le fond, circulaire, a un rayon de 25 cm, calculer la force de pression qui tend à chasser ce fond.

La pression qui s'exerce sur le fond est égale, en kg. par cm^2, au poids d'une colonne d'eau ayant 1 cm^2 de base et 10 m. ou 1 000 cm. de hauteur. Le volume de cette colonne est 1 000 cm^3 ou 1 l., et son poids est 1 kg.

La pression qui s'exerce sur le fond est donc égale à 1 kg. par cm^2.

Surface du fond : $3,14 \times 25^2 = 1\,962\,cm^2,500$.

Force de pression qui tend à chasser le fond : $1\,962^{kg},500$.

Si l'on connaissait la surface d'une des douves qui constituent la paroi latérale du tonneau, on pourrait faire un calcul analogue pour calculer la force totale qui agit sur les parois : on verrait que cette force est suffisante pour faire éclater les cercles du tonneau. Cette expérience, dite du *tonneau de Pascal*, démontre que la pression sur chaque cm^2 de paroi dépend de la hauteur du liquide et non de son poids total.

2. Résoudre le problème précédent en remplaçant l'eau par le mercure.

Pression qui s'exerce sur le fond : 13,6 kg. par cm^2.

Force de pression qui tend à chasser le fond :
$$13^{kg},6 \times 1\,962,5 = 26\,690 \text{ kg.}$$

3. Sachant que la densité de l'eau de mer est égale à 1,028, on demande :

1° de calculer (en kg. par cm²) la pression qui s'exerce à une profondeur de 1 000 mètres ;

2° de calculer la force qui tend à rapprocher les deux faces d'un poisson plat situé à cette profondeur, sachant que chacune des faces équivaut à un carré de 20 cm. de côté ;

3° On remarquera que tous les organes du poisson (y compris la vessie natatoire remplie d'air) sont soumis à cette pression, et on cherchera à deviner ce qui se produit lorsqu'un poisson est péché à cette profondeur et amené à la surface de la mer (éclatement du poisson).

1° La pression qui s'exerce à une profondeur de 1 000 m. sur chaque cm² de surface est égale au poids d'une colonne d'eau de 1 cm² de base et de 1 000 m. ou 100 000 cm. de hauteur. Le volume de cette colonne est 100 000 cm³ ou 100 l., et son poids 100 kg. La pression est donc 100 kg. par cm².

2° Sur chacune des faces, dont la surface est $20^2 = 400$ cm², il s'exerce une force de $100^{kg} \times 40 = 40 000$ kg., tendant à rapprocher les deux faces du poisson, mais équilibrée par la pression des organes du poisson, qui est la même.

3° Si l'on pêche le poisson à cette profondeur, la pression à l'intérieur du poisson n'est plus équilibrée par la pression extérieure, et le poisson éclate.

4. Un vase contient une colonne de mercure ayant pour hauteur 50 cm., surmontée d'une colonne d'eau ayant pour hauteur 50 cm. Quelle est la pression totale due aux deux liquides en un point du fond du vase ?

1 cm² placé au fond du vase soutient :

1° une colonne de mercure de 50 cm. de hauteur, dont le volume est 50 cm³ et le poids $13^g,6 \times 50 = 880$ g. ;

2° une colonne d'eau de 50 cm. de hauteur, dont le poids est 50 g.

Pression sur le fond du vase : $880 + 50 = 930$ g. par cm².

CHAPITRE XVI

Applications de la pression de l'eau.

(Elève, p. 111.)

1. La section du piston d'un ascenseur hydraulique a une surface de 1 000 cm². Quand l'ascenseur est en bas de sa course, la surface libre dans le réservoir qui fournit la pression est à 15 mètres au-dessus de la base du piston. Calculer l'effort qui soulève l'appareil.

Que devient cet effort quand l'ascenseur a été soulevé de 5 mètres ?

Que devient cet effort quand l'ascenseur a été soulevé de 10 mètres ?

Quel est le volume d'eau dépensé chaque fois que l'ascenseur a été soulevé de 10 mètres ?

Quand l'ascenseur est en bas de sa course, la pression qui s'exerce sur 1 cm² du piston est égale au poids d'une colonne d'eau de 1 cm² de base et de 15 m.

ou 1 500 cm. de hauteur, dont le volume est 1 500 cm³ et le poids 1^{kg},5. L'effort qui soulève l'appareil est donc : 1^{kg},5 $\times$ 1 000 = 1 500 kg.

2° Quand l'ascenseur a été soulevé de 5 m., la pression qui s'exerce sur 1 cm² du piston est égale au poids d'une colonne d'eau de 1^{cm²} de base et de 15^m — 5^m = 10^m ou 1 000 cm. de hauteur, dont le volume est 1 000 cm³ et le poids 1 kg. L'effort qui soulève l'appareil est donc 1 000 kg.

3° Quand l'ascenseur a été soulevé de 10 m., la hauteur de la colonne d'eau devient 5 m. et son poids 0^{kg},5. L'effort qui soulève l'appareil est :
$$0^{kg},5 \times 1\,000 = 500 \text{ kg.}$$

4° Le volume de l'eau dépensée quand l'ascenseur a été soulevée de 10 m. est celui d'une colonne d'eau de 1 000 cm² de base et de 10 m. de hauteur, soit 1 000 $\times$ 1 000 = 1 000 000 cm³ ou 1 000 l.

Cet exercice montre que la pression d'eau qui agit sur le piston n'est pas la même quand il est complètement rentré dans le puits et quand il est presque sorti. Il est donc nécessaire d'en tenir compte dans la construction.

2. Le petit piston d'une presse hydraulique est un cylindre de 1 cm. de rayon et on exerce sur lui un effort de 100 kilogrammes. Le gros piston est un cylindre de 20 cm. de rayon. Quelle est la charge que peut soulever le gros piston ?

La surface du grand piston est 20² = 400 fois plus grande que celle du petit. Charge que peut soulever le gros piston : 100^{kg} $\times$ 400 = 40 000 kg.

3. On admettra que la poussée exercée sur la surface d'une porte d'écluse est égale au poids de la colonne d'eau ayant pour base la surface immergée et pour hauteur la distance du centre de gravité de la surface immergée à la surface libre.

Ceci admis, on supposera qu'une porte d'écluse, ayant 5 mètres de large, est baignée sur l'une de ses faces par une colonne d'eau ayant 7 mètres de hauteur et sur l'autre face par une colonne d'eau ayant 6 mètres de hauteur. Calculer la différence des poussées qui s'exercent sur les deux faces de la porte.

Considérons la porte A (*Élève*, p. 106, fig. 83). En C, la distance du centre de gravité à la surface libre est, puisqu'il s'agit d'un rectangle, 7^m : 2 = 3^m,50. La surface immergée est 7 $\times$ 5 = 35 m². La poussée en C est donc le poids d'une colonne d'eau dont le volume est : 35 $\times$ 3,5 = 122^{m³},5, c'est-à-dire 122^{tonnes},5. En S, la distance du centre de gravité à la surface libre est 6^m : 2 = 3 m. La poussée en S est donc le poids d'une colonne d'eau dont le volume est 6 $\times$ 5 $\times$ 3 = 90^{m³}, c'est-à-dire 90 tonnes.

Différence des poussées qui s'exercent sur les deux faces de la porte :
$$122^t,5 - 90^t = 32^{tonnes},5.$$

CHAPITRE XVII

Principe d'Archimède.

(Élève, p. 121.)

1. Un navire porte 1000 tonnes en flottant sur l'eau douce. Combien pourra-t-il porter, sans s'enfoncer davantage, sur l'eau de mer dont la densité est 1,028?

Le poids du corps, 1000 tonnes, étant égal au poids du liquide déplacé, le volume de l'eau déplacée est 1000 m³. Le navire pourra donc porter, sur l'eau de mer, $1,028 \times 1000 = 1028$ tonnes.

2. On a 100 tonneaux vides de 200 litres chacun. On les attache successivement à un bateau coulé. Quelle est la poussée subie par l'ensemble des 100 tonneaux?

Ce calcul ne vous donne-t-il pas l'idée d'une manœuvre à faire pour renflouer un bateau coulé?

Poussée subie : $200^{kg} \times 100 = 20\,000$ kg. ou 20 tonnes.

Ce calcul montre la possibilité de renflouer un bateau coulé, par une manœuvre analogue, avec un nombre de tonneaux suffisant.

3. Un bloc de glace a la forme d'un cube de 1 décimètre de côté. Il flotte sur l'eau. On demande la hauteur de la partie immergée, sachant que la densité de la glace est 0,9 (carafes frappées).

Poids du bloc : $0^{kg},9 \times 1 = 0^{kg},9$. Ce bloc s'enfonce dans l'eau jusqu'à ce que la poussée s'exerçant sur la partie immergée équilibre son poids. Volume de la partie immergée : $0^{dm3},9$.

Hauteur de la partie immergée : $0^{dm},9$.

4. Un bouchon en liège flottant sur l'eau est couché. Si on plante un clou sur une de ses bases, il flotte debout. Expliquer pourquoi. (Les élèves feront l'expérience chez eux.)

Pour qu'un corps flottant soit en équilibre, il faut :

1° que le poids du corps soit égal au poids du liquide déplacé;

2° que le centre de gravité du corps G et le centre de poussée C soient situés sur une même verticale. (Élève, p. 119, fig. 95.)

Cet équilibre peut être stable, instable ou indifférent. Il est stable quand l'action des 2 forces GP et CP' (Élève, p. 119, fig. 96 et 97) aura pour effet de ramener le corps flottant dans sa position normale. Il en est ainsi quand le centre de gravité est au dessous du centre de poussée.

Toutefois, cette condition, nécessaire pour les corps immergés, n'est pas toujours nécessaire pour les corps flottants : l'équilibre peut être stable quand le centre de gravité se trouve au-dessus du centre de poussée : c'est le cas du bouchon couché flottant sur l'eau.

En plantant un clou sur une de ses bases, on déplace le centre de gravité vers le clou : le bouchon flotte alors debout, c'est-à-dire suivant la seule position d'équilibre stable qu'il puisse avoir, pour laquelle le centre de gravité est le plus bas possible.

Le clou qu'on a planté sur une des bases du bouchon joue le rôle du lest dans les aréomètres.

DEUXIÈME ANNÉE

STATIQUE DES GAZ

CHAPITRE Ier

Existence de la pression des gaz.

(Elève, p. 129.)

1. Examiner et décrire une bouteille de limonade, en remarquant l'épaisseur du verre, la forme du bouchon, la manière dont il est maintenu, etc.

Tous les détails de construction concourent à permettre à la bouteille de résister à la pression du gaz enfermé ; verre épais, bouchon fixé solidement, etc.

2. Examiner et décrire avec dessin un siphon d'eau de Seltz, en remarquant l'épaisseur du verre, le mécanisme qui permet la sortie du liquide. La vitesse de sortie du liquide est-elle la même au début et à la fin ? Pourquoi ?

Expliquer que, en ouvrant le siphon renversé, on peut faire sortir le gaz en conservant le liquide.

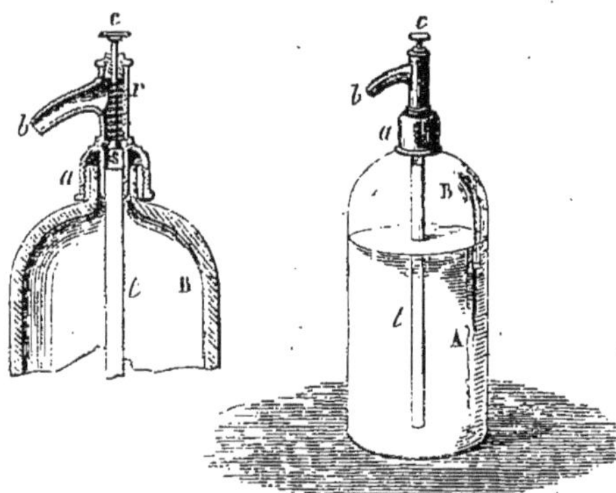

Le siphon d'eau de Seltz comprend 3 parties essentielles :
1º Un récipient en verre très épais, fermé par un bouchon métallique vissé a ;

2° un tube *t* traversant ce dernier, formé de 2 parties : l'une, intérieure, est en verre et s'ouvre à quelques mm. du fond du récipient ; l'autre, extérieure, *b*, recourbée, est métallique ;

3° une soupape *s*, qui permet d'obturer ou d'ouvrir à volonté le tube *t* et se manœuvre au moyen d'un levier.

Appuyons sur le levier : la soupape *s* se soulève, permettant au liquide, pressé par le gaz libre, de s'échapper et de jaillir violemment par l'ouverture *b*. Pendant cette opération, nous observons de nombreuses bulles gazeuses qui partent du sein du liquide restant et viennent crever à la surface : c'est le gaz dissous dans l'eau qui se dégage. Au fur et à mesure que le siphon se vide d'eau de Seltz, l'espace offert au gaz libre devient plus grand ; donc sa pression diminue, de sorte que le liquide sort moins violemment à la fin qu'au début.

Si l'on renverse le siphon et qu'on appuie sur le levier, la soupape *s* se soulève et le gaz carbonique s'échappe librement par le tube *t*, alors que l'eau reste dans le flacon.

3. Examiner, décrire avec dessin, et expliquer un vaporisateur à parfums tel que ceux qui sont employés par les coiffeurs.

Le vaporisateur est une trompe à air aspirant un liquide. (*Élève*, p. 177.) En appuyant sur la poire, on chasse l'air par B ; en lâchant la poire, par suite de son élasticité, elle reprend sa forme première et l'air extérieur tend à rentrer

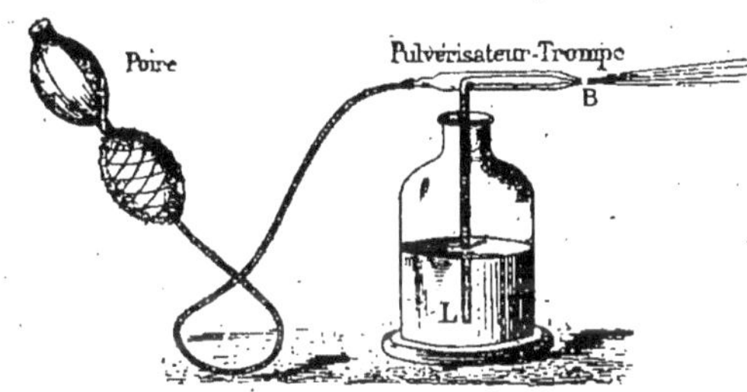

par B ; mais, comme en B, se trouve un canal très étroit, l'air extérieur n'entre pas assez vite, de sorte qu'une partie du liquide L monte. En appuyant à nouveau sur la poire, on chasse ce liquide par B en le pulvérisant en gouttelettes.

4. L'eau s'écoule lentement par la pointe inférieure d'un tube effilé. S'écoule-t-elle avec la même vitesse au début et à la fin ? S'écoule-t-elle avec la même vitesse quand on souffle par la partie supérieure du tube ?

La vitesse d'écoulement diminue depuis le début jusqu'à la fin, car la pression sur le fond d'un vase diminue avec la profondeur du liquide.

Quand on souffle par le haut du tube, l'écoulement s'accélère visiblement. Explication : surpression de l'air transmise sans diminution à tout le liquide (principe de Pascal) et s'ajoutant à la pression propre de l'eau.

CHAPITRE II

Pression atmosphérique.

(Élève, p. 135.)

1. Sachant qu'un centimètre cube d'air pèse 0g,0013, calculer la hauteur de la colonne d'air qui pèse autant qu'une colonne de mercure ayant même section et une hauteur de 1 centimètre.

A quelle altitude faut-il s'élever pour que le baromètre à mercure marque 75 centimètres?

A quelle altitude faut-il s'élever pour que le baromètre marque 75,9 ?

1 cm³ de mercure pèse 13,6 : 0,0013 = 10415 fois plus que 1 cm³ d'air.

La hauteur de la colonne d'air qui pèse autant qu'une colonne de mercure de même section et de hauteur 1 cm. doit donc être 10415 fois plus grande, soit 10415 cm. ou 104m,15. Pour que le baromètre marque 75 cm., on doit s'élever de façon à faire baisser la colonne de mercure de 1 cm., c'est-à-dire de 104m,15.

Pour que le baromètre marque 75cm,9, la colonne de mercure devant baisser de 0cm,1, on doit s'élever de 10m,41.

2. Quelle serait la hauteur d'un baromètre à huile placé au niveau du sol? La densité de l'huile est 0,9.

L'huile pesant 13,6 : 0,9 = 15,11 fois moins que le mercure, elle doit s'élever 15,11 fois plus haut.

Hauteur cherchée : 0m,76 × 15,11 = 11m,48.

3. A l'altitude 4000 mètres le baromètre à mercure marque 46 centimètres. Quel est le poids moyen du centimètre cube d'air sur cette hauteur de 4000 mètres comptée à partir du sol ?

La colonne d'air ayant baissé de 4000 m., la colonne de mercure a baissé de 0m,76 − 0m,46 = 0m,30. L'air pèse donc, en moyenne, sur cette hauteur de 4000 m., 4000 : 0,30 = 13333 fois moins que le mercure. Poids moyen du cm³ d'air : 13g,6 : 13333 = 0g,001 02.

4. Calculer, en grammes, la pression atmosphérique à l'altitude de 4000 mètres.

Le tableau de la p. 134 donne pour hauteur barométrique, 46 cm., à l'altitude de 4000 m.

Pression atmosphérique : 13g,6 × 46 = 625g,6 par cm².

CHAPITRE III

Baromètres.

(Élève, p. 140.)

1. Le baromètre à mercure marquant 76 centimètres, on incline le tube de 60° à partir de la verticale. Quelle longueur doit occuper

la colonne mercurielle dans le tube, sachant que sa hauteur verticale ne change pas ?

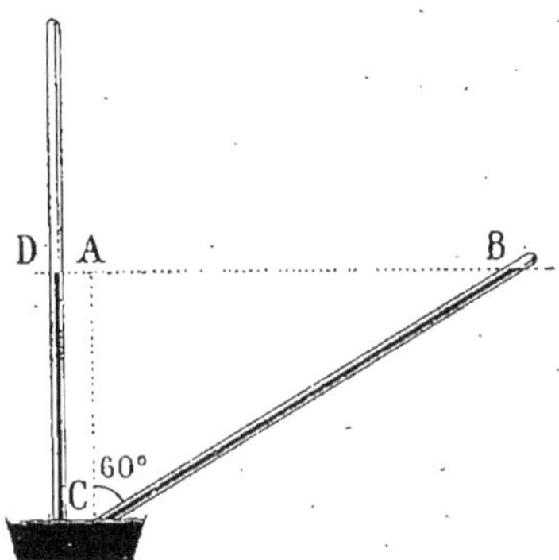

Le triangle rectangle BAC, ayant un angle ACB égal à 60°, est la moitié d'un triangle équilatéral, dont le côté est $BC = 2 AC = 0^m,76 \times 2 = 1^m,52$.

2. Un baromètre à siphon a ses deux branches de même section. Représenter les divisions 75, 76, 77 aux deux extrémités de la colonne mercurielle et déterminer, à chaque extrémité, la distance des traits successifs.

Les deux niveaux du mercure dans les 2 branches marchent, en sens contraire de la même quantité : quand l'un monte de 1 cm., l'autre descend de 1 cm. Distance de 2 traits successifs : $0^{cm},5$.

3. Dans une tempête, la hauteur du baromètre baisse de 76 centimètres à 73. On demande :
1º De combien baisserait un baromètre à eau ;
2º De combien de grammes diminue la force de pression que l'atmosphère exerce sur un mètre carré.

La colonne du mercure a baissé de 3 cm.
1º L'eau pesant 13,6 fois moins que le mercure, un baromètre à eau baisserait de $3^{cm} \times 13,6 = 40^{cm},8$.
2º Diminution de pression : $40^g,8$ par cm^2.
Diminution de la force de pression sur 1 m² : $40^g,8 \times 10000 = 408000^g$ ou 408^{kg}.

CHAPITRE IV

Mesure des pressions. — Manomètres.

(Élève, p. 148.)

1. La pression du gaz d'éclairage produit, sur le manomètre à eau, une dénivellation de 10 centimètres. Quelle est, en grammes

par centimètre carré, la différence entre la pression du gaz et la pression atmosphérique ?

L'usine qui fournit ce gaz a un gazomètre dont la cloche a une section circulaire de 6 mètres de rayon. Quel doit être le poids de la cloche pour qu'elle soit en équilibre ?

L'excès de la pression du gaz d'éclairage sur la pression atmosphérique est mesuré par une colonne d'eau de 10 cm. Sur 1 cm², l'excès de cette pression est égal au poids d'une colonne d'eau de 1 cm² de base et 10 cm. de hauteur, soit 10 g.

Surface de la cloche : $3{,}14 \times 6^2 = 113^{\text{mq}}{,}04$ ou $1\,130\,40 $ cm².

Poids de la cloche : $10^{\text{g}} \times 1\,130\,400 = 11\,301\,000$ g. ou $11^{\text{tonnes}}{,}301$.

2. En soufflant dans l'une des branches d'un manomètre à mercure, on a produit une dénivellation de 8 centimètres. On demande :

1º Quelle est, en $\dfrac{\text{gr}}{\text{cm}^2}$, la surpression ainsi réalisée ;

2º Quelle serait la hauteur de la colonne d'eau que l'on pourrait soulever dans un manomètre à eau.

1º sur 1 cm², cette surpression est égale au poids d'une colonne de mercure de 1 cm² de base et 8 cm. de hauteur, soit $13^{\text{g}}{,}6 \times 8 = 108^{\text{g}}{,}8$.

2º L'eau pesant 13,6 fois moins que le mercure, la colonne d'eau que l'on pourrait soulever a pour hauteur $8^{\text{cm}} \times 13{,}6 = 108^{\text{cm}}{,}8$ ou $1^{\text{m}}{,}088$.

CHAPITRE V

Compressibilité des gaz. — Loi de Mariotte.

(Elève, p. 157.)

1. Un gaz occupe un volume de 4 litres sous la pression 3. Calculer les volumes que prend ce gaz quand le volume devient 2, 3, 4 fois plus grand ou plus petit. Tracer le graphique correspondant.

$V = 4$ l., $P = 3$; $V = 8$ l., $P = 1{,}5$; $V = 12$ l., $P = 1$; $V = 16$ l., $P = 0{,}75$;
$V = 2$ l., $P = 6$; $V = 1{,}3$, $P = 9$; $V = 1$ l., $P = 12$.

Construire le graphique à l'aide de ces données. (*Elève*, p. 156, fig. 27.)

2. L'expérience du paragraphe 28 a été répétée en établissant entre les deux niveaux du mercure les différences suivantes :

C au-dessus de B. Différences 38, 76, 114 centimètres.
C au-dessous de B. Différences 19, 38, 57 —

Dessiner les figures correspondantes et inscrire chaque fois le volume de l'air.

Etat initial du gaz : $V = 12$, $P = 76$, $PV = 912$.

1º C au-dessus de B, différence 38, $P = 76 + 38 = 114$, d'où $V = 912 : 114 = 8$.
2º C au-dessus de B, différence 76, $P = 76 + 76 = 152$, d'où $V = 912 : 152 = 6$.
3º C au-dessus de B, différence, 114, $P = 76 + 114 = 190$, d'où $V = 912 : 190 = 4{,}8$.
4º C au-dessous de B, différence 19, $P = 76 - 19 = 57$, d'où $V = 912 : 57 = 16$.
5º C au-dessous de B, différence 38, $P = 76 - 38 = 38$, d'où $V = 912 : 38 = 24$.
6º C au-dessous de B, différence 57, $P = 76 - 57 = 19$, d'où $V = 912 : 19 = 48$.

3. Le poids normal du litre d'air étant $1^g,3$, calculer le poids de l'air qui, à la pression 100 atmosphères, occupe un volume de 10 litres.

Volume de cet air à la pression 1 atmosphère : $10^l \times 100 = 1\,000$ l.
Poids de cet air : $1^g,3 \times 1\,000 = 1\,300$ g.

CHAPITRE VI

Aérostats. — Aéroplanes.
Navigation aérienne.

(Elève, p. 169.)

Un ballon de 1000 mètres cubes pèse 500 kilogrammes, gaz non compris. Combien de personnes du poids moyen de 75 kilogrammes peut-il emporter :

1° S'il est gonflé au gaz d'éclairage pesant $0^{kg},5$ par mètre cube ?
2° S'il est gonflé à l'hydrogène pesant $0^{kg},1$ par mètre cube ?

1° Poussée de l'air : $1^{kg},3 \times 1\,000 = 1\,300$ kg.
Poids du gaz d'éclairage : $0^{kg},5 \times 1\,000 = 500$ kg.
Poids total du ballon : $500^{kg} + 500^{kg} = 1\,000$ kg.
Force ascensionnelle du ballon : $1\,300^{kg} - 1\,000^{kg} = 300$ kg.
Nombre de personnes... $300 : 75 = 4$.
2° Force ascensionnelle : $1\,300^{kg} - (0^{kg},1 \times 1\,000 + 500^{kg}) = 700$ kg.
Nombre de personnes... $700 : 75 = 9$.

CHAPITRE VII

Pompes à gaz : Machines de compression
et machines pneumatiques.

(Elève, p. 179.)

1. Le cylindre d'une pompe de compression a un rayon de 5 centimètres et une hauteur de 30 centimètres. Cette pompe refoule du gaz ammoniac dans un récipient. Un litre de ce gaz pèse $0^g,75$. Combien faut-il de coups de piston pour refouler 500 grammes de gaz ?

Volume du corps de pompe : $3,14 \times 5^2 \times 20 = 2\,355$ cm³ ou $2^l,355$.
A chaque coup de piston, on refoule $0^g,75 \times 2,355 = 1^g,766$ de gaz.
Nombre de coups de piston nécessaires... $500 : 1,766 = 227$.

2. Un récipient contient 2,7 grammes de gaz. On le met en communication avec une machine pneumatique dont le cylindre a une capacité égale à la moitié de la capacité du récipient. Quel est le

poids du gaz aspiré par le premier, le second, le troisième coup de piston ?

Supposons que le récipient ait 2 l. de capacité et le cylindre 1 l. Le piston étant au bas de sa course, soulevons-le : l'air du récipient occupe maintenant : $2^l + 1^l = 3$ l. En abaissant le piston, il reste dans le récipient les $\frac{2}{3}$ de la masse du gaz qu'il contenait. Après le 1er coup de piston, il reste donc dans le récipient : $\frac{2^s,7 \times 2}{3} = 1^s,8$ de gaz; après le 2e coup : $\frac{1^s,8 \times 2}{3} = 1^s,2$; après le 3e : $\frac{1^s,2 \times 2}{3} = 0^s,8$.

Poids du gaz aspiré par le 1er coup : $2^s,7 - 1^s,8 = 0^s,9$;
Par le 2e : $1^s,8 - 1^s,2 = 0^s,6$;
Par le 3e : $1^s,2 - 0^s,8 = 0^s,4$.

CHAPITRE VIII

Pompes à liquides. — Siphon.

(Elève, p. 184.)

1. Une pompe foulante soulève l'eau à une hauteur de 100 mètres. Quel est l'effort qu'il faut exercer pour abaisser le piston, sachant que sa section est un cercle de 5 centimètres de rayon ?

Sur chaque cm², on exerce une pression égale au poids d'une colonne d'eau de 1 cm² de base et de 100 m. ou 10000 cm. de hauteur, soit 10000 g. ou 10 kg. La section du piston est : $3,14 \times 5^2 = 78^{cm^2},5$.
Effort nécessaire : $10^{kg} \times 78,5 = 785$ kg.

2. Un piston mobile, dont la section est de 1 centimètre carré, se trouve dans la branche horizontale BC, du siphon ABGD (*fig.* 48). Le siphon est rempli d'eau. La hauteur CD égale 3 mètres.
Calculer la pression que l'eau exerce sur la face gauche du piston en tendant à l'entraîner vers la droite.
Calculer la pression que l'eau exerce sur la face droite du piston en tendant à l'entraîner vers la gauche.
En conclure le mouvement du piston.

Appelons H la hauteur d'une colonne d'eau capable de faire équilibre à la pression atmosphérique; h et h', les hauteurs verticales des branches du siphon au-dessus des niveaux du liquide dans chaque vase.
Sur la face gauche du piston s'exerce une pression de $(H - h)^{cm}$ d'eau; sur la face droite, $(H - h')^{cm}$ d'eau. Comme $h' > h$, on a $H - h > H - h'$; le piston est donc entraîné vers la droite, avec une pression de :
$(H - h) - (H - h') = h' - h = 300$ cm. d'eau ou 300 g. par cm².

CHALEUR

CHAPITRE IX

Dilatation des gaz.

(Elève, p. 189.)

1. Un litre d'air à 0° pèse $1^g,3$. Combien pèse 1 litre à 273° ? Combien pèse 1 litre à $1\,000^o$?

$1^g,3$ d'air occupe à 273° un volume de $1^l + \dfrac{1^l}{273} \times 273 = 2$ l.

Poids de 1 l. d'air à 273°... $1^g,3 : 2 = 0^g,65$.

$1^g,3$ d'air occupe à $1\,000^o$ un volume de $1^l + \dfrac{1^l}{273} \times 1\,000 = \dfrac{1\,273^l}{273}$.

Poids de 1 l. d'air à $1\,000^o$... $1^g,3 : \dfrac{1\,273}{273} = 0^g,278$.

2. Une cheminée d'usine, dont la section est de 3 dm² et la hauteur de 20 mètres, contient de l'air à 273°. Calculer le poids de cet air.

Calculer le poids d'une colonne d'air à 0° de même volume.

Calculer la différence de ces deux poids, qui est la force produisant le tirage de la cheminée.

Volume de la cheminée : $3 \times 200 = 600$ dm³ ou 600 l.
Poids de l'air de la cheminée à 273° : $0^g,65 \times 600 = 390$ g.
Poids d'une colonne d'air à 0° de même volume : $1^g,3 \times 600 = 780$ g.
Force produisant le tirage de la cheminée : $780^g - 390^g = 390$ g.

3. Chaque élève devra, à la maison, répéter l'expérience de la bougie, placée dans la porte, entre une salle froide et une salle chaude.

Imaginer, dans différentes salles, près des portes, des fenêtres, etc..., dans les couloirs, la recherche du courant d'air avec une bougie.

On rendra compte de ces expériences dans un devoir avec figures.

Voir *Elève*, p. 187.

4. Un mètre cube d'air est pris à 0° et sous la pression d'une atmosphère. Calculer son volume dans les conditions suivantes :

1° à 273° et 1 atmosphère ;
2° à 0° et 2 atmosphères ;
3° à 273° et 2 atmosphères.

1° Le volume augmente de $\dfrac{1^{m3}}{273} \times 273 = 1$ m³ et devient donc 2 m³.

2° La pression devenant 2 fois plus grande, le volume devient 2 fois plus petit ou $1^{m3} : 2 = 0^{m3},5$.

3° Étant donné 1 m³ d'air à 0° et 1 atmosphère, en portant cet air à 273°, son volume tend à doubler ; en le portant à 2 atmosphères, son volume tend à devenir moitié. Le volume de cet air est donc 1 m³.

CHAPITRE X

Densité des gaz.
Masse d'un centimètre cube d'air.

(Élève, p. 196.)

1. Quel est le poids de 1 litre d'air, et le poids de 1 mètre cube d'air à 10 atmosphères ?

1^g,3 d'air occupent, à 10 atmosphères, un volume de 1^l : 10 = 0^l,1.
Poids de 1 l. d'air à 10 atmosphères... 1^g,3 : 0,1 = 13 g.
Poids de 1 m³... 13 kg.

2. Quel est le poids de 1 litre d'air à l'altitude de 4 000 mètres, où la pression est 46 centimètres de mercure.

Poids du litre... $1^g,3 \times \dfrac{46}{76} = 0^g,786.$

CHAPITRE XI

Vaporisation. — Force élastique ou pression
maxima de la vapeur d'eau.

(Élève, p. 204.)

1. Calculer le poids d'un litre d'air à 100° et sous la pression ordinaire. Sachant que la densité de la vapeur d'eau par rapport à l'air est 0,622, calculer le poids d'un litre de vapeur d'eau à 100° et sous la pression ordinaire.

1^g,3 d'air occupe à 100°, sous la pression ordinaire, un volume de

$$1^l + \dfrac{1^l}{273} \times 100 = \dfrac{373^l}{273}.$$

Poids de 1 l. d'air à 100°, sous la pression ordinaire... $1^g,3 : \dfrac{373}{273} = 0^g,951.$

Poids de 1 l. de vapeur d'eau dans les mêmes conditions :
$$0^g,951 \times 0,622 = 0^g,591.$$

2. Sachant que la densité de la vapeur d'eau par rapport à l'air reste toujours égale à 0,622, calculer par le même procédé le poids d'un litre de vapeur d'eau :

1º à 50º et sous la pression de 92 millimètres ;
2º à 200º et sous la pression de 16 atmosphères.

1º 1ᵍ,3 d'air occupe à 50º, sous la pression 760 mm., un volume de :

$$1^l + \frac{1^l}{273} \times 50 = \frac{323^l}{273}.$$

Porté à la pression de 92 mm., il occupe un volume de :

$$\frac{323^l}{273} \times \frac{760}{92}.$$

Poids de 1 l. d'air à 0º, sous la pression 92 mm. :

$$1^g,3 : \frac{323 \times 760}{273 \times 92} = \frac{1^g,3 \times 273 \times 92}{323 \times 760}.$$

Poids de 1 l. de vapeur d'eau dans les mêmes conditions :

$$\frac{1^g,3 \times 273 \times 92 \times 0,622}{323 \times 760} = 0^g,082.$$

2º 1ᵍ,3 d'air occupe, à 200º, sous la pression de 1 atmosphère, un volume de :

$$1^l + \frac{1^l}{273} \times 200 = \frac{473^l}{273}.$$

Porté à la pression de 16 atmosphères, il occupe un volume de :

$$\frac{473^l}{273} : 16 = \frac{473^l}{273 \times 16}.$$

Poids de 1 l. d'air à 200º, sous la pression de 16 atmosphères :

$$1^g,3 : \frac{473}{273 \times 16} = \frac{1^g.3 \times 273 \times 16}{473}.$$

Poids de 1 l. de vapeur d'eau dans les mêmes conditions :

$$\frac{1^g.3 \times 273 \times 16 \times 0.622}{473} = 7^g,467.$$

CHAPITRE XII

Ebullition.

(Elève, p. 212.)

1. Une marmite légère contient 5,4 kilogrammes d'eau à 0º. On y fait condenser de la vapeur d'eau bouillante. Quand on arrive à 100º, l'eau de la marmite pèse 6,4 kilogrammes. Quelle est la chaleur fournie par la vapeur d'eau qui se condense ?

Il s'est condensé 6ᵏᵍ,4 — 5ᵏᵍ.4 = 1 kg. ou 1 000 g. de vapeur d'eau qui ont fourni une quantité de chaleur de 540ᶜᵃˡ × 1 000 = 540 000 calories.

2. Imaginer, d'après l'exercice précédent, un procédé pour chauffer les bouillottes de chemin de fer.

Il suffit, au moyen d'un dispositif approprié, d'amener la vapeur d'eau de la chaudière dans les bouillottes ; cette vapeur, en se condensant, fournit de la chaleur qui chauffe l'eau de la bouillotte.

CHAPITRE XIII

Distillation. — Liquéfaction des gaz.

(Elève, p. 218.)

1. On distille 1 000 centimètres cubes de vin jusqu'à obtenir 500 centimètres cubes de produit distillé. L'alcoomètre plongé dans ce liquide distillé marque 20°. Expliquez le sens de cette expérience (voir 1re année, p. 118), et dites pourquoi on en conclut que le vin est à 10°.

Lorsqu'on plonge un alcoomètre dans une eau alcoolisée, la division n devant laquelle il affleure marque le nombre de cm³ d'alcool pur que contiennent 100 cm³ du mélange : c'est ce qu'on appelle le *degré* en alcool. Dans l'expérience précédente, l'alcoomètre marque 20° : cela signifie que le mélange contient : $\frac{500 \text{ cm}^3 \times 20}{100} = 100 \text{ cm}^3$ d'alcool pur. Le vin pèse donc $\frac{100 \times 100}{1\,000} = 10°$.

2. Calculer le poids :

de 1 litre d'air à 0° sous 40 atmosphères ;
de 1 — à 20° — 60 —
de 1 — à 30° — 80 —

Puis, sachant que la densité du gaz carbonique par rapport à l'air est 1,53, calculer le poids :

de 1 litre de ce gaz à 0° sous 40 atmosphères ;
de 1 — à 20° — 60 —
de 1 — à 30° — 80 —

1° 1 l. d'air à 0° sous 40 atmosphères pèse $1^g,3 \times 40 = 52$ g.

2° $1^g,3$ d'air à 20° sous 60 atmosphères occupent un volume de :
$$\left(1^l + \frac{20^l}{273}\right) : 60 = \frac{293^l}{273 \times 60}.$$

1 l. d'air à 20° sous 60 atmosphères pèse donc :
$$1^g,3 : \frac{293}{273 \times 60} = 72^g,675.$$

3° $1^g,3$ d'air à 30° sous 80 atmosphères occupent un volume de :
$$\left(1^l + \frac{30^l}{273}\right) : 80 = \frac{303^l}{273 \times 83}.$$

1 l. d'air à 30° sous 80 atmosphères pèse donc :
$$1^g,3 : \frac{303}{273 \times 83} = 93^g,703.$$

4° Dans les mêmes conditions, les poids de 1 l. de gaz carbonique sont respectivement :

$52^g \times 1,53 = 79^g,56$; $72^g,675 \times 1,53 = 111^g,192$; $93^g,703 \times 1,53 = 143^g,365.$

CHAPITRE XIV

Principe des machines à vapeur.
Moteurs à explosion.

(Élève, p. 230.)

1. Dans un puits l'eau est à 3o mètres de profondeur. Un homme met 20 secondes à en remonter un seau d'eau de 5 litres. On demande le travail effectué en 1 seconde et la puissance développée par cet homme.

Travail accompli pour remonter le seau : $5 \times 30 = 150$ kilogrammètres.
Travail effectué par seconde... $150 : 20 = 7,5$ kilogrammètres.
Puissance développée : 0,1 cheval-vapeur.

2. Un piston a une surface de 1 ooo centimètres carrés et une course de 0^m,75. Il exécute 5o mouvements de va-et-vient par minute. Sur une de ces faces s'exerce une pression de 7 kilogrammes et sur l'autre face s'exerce la pression atmosphérique, 1 kilogramme. Quel est le travail accompli en 1 minute ? en 1 seconde ? Quelle est la puissance de la machine en chevaux-vapeur ?

Force qui tend à entraîner chaque cm^2 du piston : $7^{kg} - 1^{kg} = 6$ kg.
Force qui pousse le piston : $1 000^{kg} \times 6 = 6 000$ kg.
Course du piston en 1 minute : $0^m,75 \times 50 = 37^m,50$.
Travail accompli par minute : $6 000 \times 37,5 = 225 000$ kilogrammètres.
Travail accompli en 1 seconde... $225 000 : 60 = 3 750$ kilogrammètres.
Puissance de la machine... $3 750 : 75 = 50$ chevaux-vapeur.

CHAPITRE XV

Vapeur d'eau atmosphérique.
Nuages. — Pluie. — Neige. — Rosée. — Givre.

(Élève, p. 236.)

1. Une masse d'air contient 9 milligrammes de vapeur par litre. Expliquer ce qui doit se produire si on la porte aux températures suivantes : 20°, 10°, 0°. Calculer le poids d'eau liquide que doit produire 1 mètre cube d'air humide ainsi porté à 0°.

En examinant le tableau de la p 231, on voit qu'à 20° cette masse d'air ne sera pas saturée; à 10° elle sera saturée; à 0° il se déposera $9 - 5 = 4$ mg. de vapeur d'eau par litre sous forme de rosée.
Le poids d'eau liquide que doit produire 1 m^3 d'air humide ainsi porté à 0° est : $0^g,004 \times 1 000 = 4$ g.

2. Près du sol, la température est 12°. Si l'on admet qu'elle

diminue de 1° quand on s'élève de 200 mètres, à partir de quelle hauteur pourra-t-on avoir des cirrus, c'est-à-dire des nuages formés d'aiguilles de glace ?

La température doit baisser de 12°. On devra donc s'élever au moins de $200^m \times 12 = 2\,400$ m.

3. Imaginer un dispositif pour un *pluviomètre*, c'est-à-dire pour un appareil permettant de mesurer la quantité de pluie tombée, chaque jour, sur une surface donnée (une bouteille surmontée d'un entonnoir).

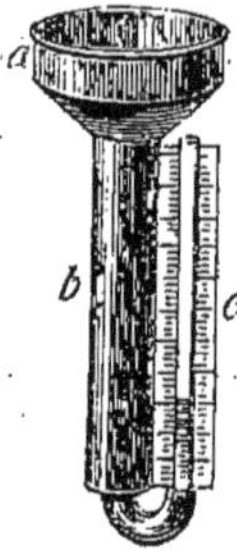

La pluie qui couvre la surface S de l'entonnoir a est recueillie dans l'éprouvette b ; celle-ci communique avec un tube latéral c qui porte une graduation convenable indiquant le volume de l'eau recueillie. Si l'on a recueilli, par exemple, 80 cm³ d'eau et si l'on a S $= 400$ cm², le quotient $80 : 400 = 0^{cm},2$ est la hauteur qu'aurait l'eau recueillie, si elle recouvrait les 400 cm² de l'entonnoir : on dira qu'il est tombé 2 mm. d'eau.

LUMIÈRE

CHAPITRE XVI

Propagation rectiligne de la lumière.

(Elève, p. 241.)

1. La façade ABC de la maison représentée dans la figure 87 a pour longueur 6 mètres et pour hauteur 12 mètres. Elle est placée à 60 mètres de l'ouverture O.

Le mur sur lequel se peint l'image A'B'C' est parallèle à ABC et sa distance au point O est de 4 mètres. Calculer la largeur et la hauteur de l'image A'B'C'.

L'objet ABC et l'image A'B'C' sont 2 polygones semblables, dont le rapport de similitude est $60 : 4 = 15$. La longueur de l'image A'B'C' est donc : $6^m : 15 = 0^m,40$ et sa hauteur $12^m : 15 = 0^m,80$.

2. Les élèves feront chez eux et décriront l'expérience suivante : percer dans un carton un trou rond, avec un gros clou. Intercaler cet écran percé entre une bonne lampe et une feuille de papier blanc. Que voit-on sur la feuille ? Que devient l'image observée quand la lampe s'éloigne de l'écran troué ? Que devient l'image observée quand la feuille de papier blanc s'écarte de l'écran troué ? Qu'observe-t-on quand l'écran est percé de deux trous rappro-

chés? Que faut-il pour que les deux images observées empiètent l'une sur l'autre ?

Quand la lampe est très près de l'écran troué, on observe sur la feuille une image floue. Cette image devient de plus en plus petite et de plus en plus nette, quand on éloigne la lampe de l'écran troué.

Quand la feuille de papier blanc s'écarte de l'écran troué, l'image, d'abord très nette, devient de plus en plus floue et de plus en plus grande.

Mêmes observations pour deux trous rapprochés.

Quand on approche la lampe de l'écran troué, ou quand la feuille de papier blanc s'écarte de l'écran troué, la distance des 2 images devient de plus en plus petite et il est facile d'obtenir les positions de la lampe ou de la feuille de papier blanc pour lesquelles les 2 images empiètent l'une sur l'autre.

CHAPITRE XVII

Miroirs plans. — Réflexion de la lumière.

(Elève, p. 248.)

1. Quelle est l'image de la ligne horizontale MA dans le miroir plan MB perpendiculaire sur MA ?

De quel angle tourne l'image quand le miroir MB tourne d'un angle de 45° autour d'un axe M perpendiculaire sur MA ?

On fera les figures qui correspondent à chaque cas.

L'image de MA est une ligne qui est située dans le prolongement de MA. Dans ce cas, la droite MA est à la fois le rayon incident et la normale ; les angles d'incidence et de réflexion sont nuls.

Quand le miroir MB tourne de 45°, l'image tourne de 90°.

2. On écrira, en imitant les caractères d'imprimerie ordinaires, les lettres b, d, p, q. On les regardera :

1° Par transparence à l'envers du papier ;

2° Par impression sur du papier buvard ;

3° Par réflexion sur un miroir parallèle ou perpendiculaire à la hauteur de la lettre.

On indiquera, et on expliquera, ce que la lettre devient dans chacun des cas.

En regardant ces lettres par transparence à l'envers du papier, par impression sur du papier buvard, ou par réflexion sur un miroir parallèle à la hauteur de la lettre, on obtient respectivement les lettres d, b, q, p.

Or les lettres b et d, p et q, sont symétriques l'une de l'autre par rapport à un axe formé par la hauteur de chaque lettre ; ces 3 expériences justifient la remarque du § 106 (Elève, p. 247.)

En regardant ces lettres par réflexion sur un miroir perpendiculaire à la hauteur de la lettre, on obtient respectivement les lettres p, q, b, d.

CHAPITRE XVIII

Miroirs concaves.

(Élève, p. 255.)

1. On fera exactement et à l'échelle, en se servant de papier quadrillé ou d'un double décimètre, la figure 100 et la figure 102. Dans chaque figure, on prendra pour distance focale 50 cm., pour hauteur de AB, 10 cm., et on supposera l'objet AB placé à 75 cm. du miroir. On déterminera sur cette épure la position et la grandeur de l'image.

Miroir concave : image réelle, renversée, à 150 cm. du miroir, hauteur 20 cm.
Miroir convexe : image virtuelle, droite, à 30 cm. du miroir, hauteur 4 cm.

2. On traitera la même question dans le cas d'un miroir concave en plaçant l'objet :

1° Au delà du centre, à 125 cm. du miroir ;
2° En deçà du foyer, à 25 cm. du miroir.

1° Image réelle, renversée, à 83^{cm},3 du miroir, hauteur 6^{cm},2 ;
2° Image virtuelle, droite, à 50 cm. du miroir, hauteur 20 cm.

CHAPITRE XIX

Réfraction de la lumière.

(Élève, p. 263.)

1. Faire l'épure représentant un rayon qui, se propageant dans l'air, rencontre la surface de l'eau sous une incidence de 45°. Construire graphiquement le rayon réfracté (voir § 114). Mesurer en degrés, au moyen du rapporteur, l'angle de réfraction.

Traiter la même question lorsque l'angle d'incidence prend les valeurs $\frac{45}{2}$, $45 + \frac{45}{2}$, et 90°.

Pour $i = 45°$, $r = 32°$; pour $i = \frac{45°}{2}$, $r = 17°$; pour $i = 45° + \frac{45°}{2}$, $r = 44°$; pour $i = 90°$, $r = 48°$ (angle limite).

2. Même question pour le passage de l'air dans le verre.

Pour $i = 45°$, $r = 28°$; $i = \frac{45°}{2}$, $r = 15°$; $i = 45° + \frac{45°}{2}$, $r = 38°$; $i = 90°$, $r = 42°$ (angle limite).

3. Même question pour le passage de l'eau dans l'air.

$i = 45°$, $r = 70°$; $i = \frac{45°}{2}$, $r = 31°$; pour les incidences $45° + \frac{45°}{2}$ et 90°, supérieures à l'angle limite 48°, il y a réflexion totale.

4. Même question pour le passage du verre dans l'air.

Pour $i = 45°$. réflexion totale; pour $i = \dfrac{45°}{2}$, $r = 35°$; pour les incidences $45° + \dfrac{45°}{2}$ et 90°, réflexion totale.

5. Une cuve rectangulaire (*fig.* 103) pleine d'eau, profonde de 1 décimètre, est éclairée par les rayons solaires formant un angle de 45° avec la verticale. Faire l'épure. Mesurer sur le fond, avec le double décimètre, la distance AD.
AD = 62 mm.

6. Même problème en remplaçant la cuve d'eau par un bloc de verre de même forme.
AD = 53 mm.

CHAPITRE XX

Lentilles convergentes.

(Elève, p. 269.)

1. On fera exactement et à l'échelle, en se servant de papier quadrillé ou d'un double décimètre, la figure 116, en prenant CF' = CF = 20 centimètres, AB = 20 centimètres et CA = 1 mètre. On lira sur le dessin la position et la grandeur de l'image.
Image réelle, renversée, à 25 cm. de la lentille, hauteur 5 cm.

2. Même question en prenant CF = 20 centimètres, AB = 20 centimètres et CA = 30 centimètres.
Image réelle, renversée, à 60 cm. de la lentille, hauteur 40 cm.

3. Même question en prenant CF = 20 centimètres, AB = 20 centimètres et CA = 10.
Image virtuelle, droite, à 20 cm. de la lentille, hauteur 40 cm.

CHAPITRE XXI

Lanterne de projection. — Appareil photographique.

(Elève, p. 276.)

Un projecteur est formé d'une lentille dont la distance focale est 1 mètre. Au foyer F se trouve un point lumineux A. Représenter la marche des rayons issus de A et réfractés par la lentille.

Un point B est placé dans le plan focal, à 2 millimètres de A. Représenter la marche des rayons issus de B.

Quelle serait sur un écran normal à l'axe, placé à la distance de 1 000 mètres, la distance de l'axe au rayon moyen issu de B?

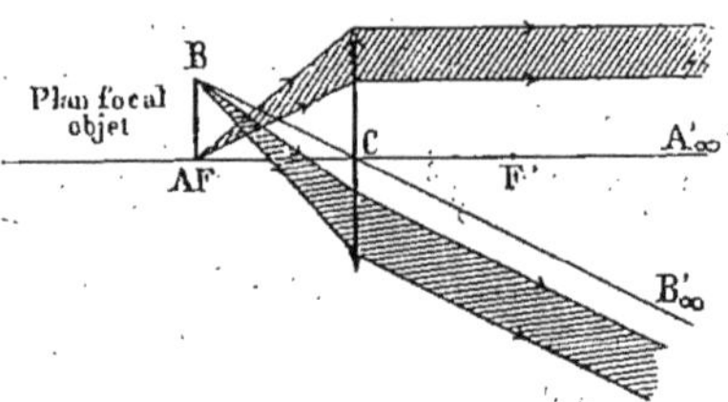

Les triangles semblables A'CB' et ACB donnent :

$$\frac{A'B'}{AB} = \frac{CA'}{CA}, \quad \text{ou} \quad \frac{A'B'}{0,002} = \frac{1\,000}{1}, \quad \text{d'où : } A'B' = 0^{m},002 \times 1\,000 = 2\ m.$$

CHAPITRE XXII

Loupe. — Microscope. — Lunette astronomique.

(Elève, p. 285.)

1. Une loupe a une distance focale de 3 centimètres. Quelle doit-être la distance du foyer-objet F à l'objet AB pour que l'image A'B' soit 10 fois plus grande ?

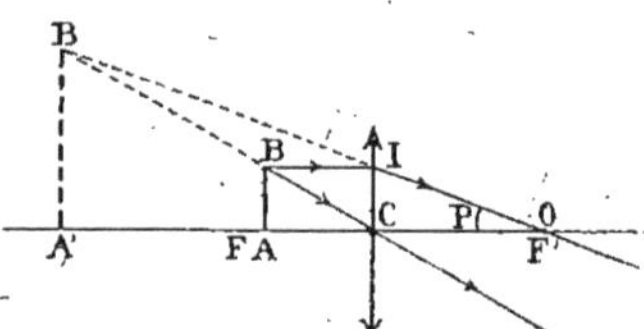

Les triangles semblables CA'B' et CAB donnent : $\frac{A'B'}{AB} = \frac{CA'}{CA}$. Mais l'image A'B' étant dix fois plus grande que l'objet AB, on a : $\frac{A'B'}{AB} = 10$, d'où $\frac{CA'}{CA} = 10$, et, par suite, CA' = 10 CA.

Les triangles semblables CB'O et BB'I donnent :

$$\frac{CO}{BI} = \frac{CB'}{BB'} \quad \text{ou : } \quad \frac{CO}{CA} = \frac{CA'}{AA'}, \quad (1).$$

Mais $CO = 3^{cm}$, $CA' = 10\,CA$, $AA' = CA$; l'égalité (1) peut donc s'écrire :

$$\frac{3}{CA} = \frac{10\,CA}{10\,CA - CA} = \frac{10\,CA}{9\,CA} = \frac{10}{9}, \quad \text{d'où } 10\,CA = 27,$$

et $CA = 27 : 10 = 2^{cm},7$. On a donc : $FA = 3^{cm} - 2^{cm},7 = 0^{cm},3$.

2. La loupe précédente C_2 est l'oculaire d'un microscope dont l'objectif C_1 est placé à la distance

$$C_1C_2 = 150 \text{ millimètres.}$$

Cet objectif a une distance focale égale à 3 millimètres.

Démontrer :

1° Que l'image $A'B'$ fournie par l'objectif est 40 fois plus grande que l'objet AB ;

2° Que la distance de AB au foyer-objet F_1 de l'objectif est égale à $\frac{3}{40}$ de millimètre ;

3° Que ce microscope fournit une image $A''B''$ égale à 400 fois AB.

Faire la figure.

1° Les triangles semblables BC_1F_1 et $BB'I$ donnent : $\dfrac{C_1F_1}{B'I} = \dfrac{BF_1}{BI}$.

Les triangles semblables BF_1A et C_1F_1I donnent :

$$\frac{BF_1}{BI} = \frac{AF_1}{AF_1 + C_1F_1}, \quad \text{d'où } \frac{C_1F_1}{B'I} = \frac{AF_1}{AF_1 + C_1F_1}. \quad (1)$$

Mais $C_1F_1 = 3^{mm}$, $B'I = C_1A' = C_1C_2 - C_2A' = 150^{mm} - 27^{mm} = 123$ mm.

L'égalité (1) peut donc s'écrire : $\dfrac{3}{123} = \dfrac{AF}{AF_1 + 3}$, d'où $3AF_1 + 9 = 123\,AF_1$;

par suite, $120\,AF_1 = 9$ et $AF_1 = \dfrac{3}{40}$ de mm.

2° Les triangles semblables $C_1A'B'$ et C_1AB donnent : $\dfrac{A'B'}{AB} = \dfrac{C_1A'}{C_1A}$ (2).

Mais $C_1A' = 123^{mm}$, $CA_1 = C_1F_1 + AF_1 = 3^{mm} + \dfrac{3^{mm}}{40} = \dfrac{123^{mm}}{40}$. L'égalité (2)

devient alors : $\dfrac{A'B'}{AB} = 123 : \dfrac{123}{40} = 40$. L'image $A'B'$ est donc bien 40 fois plus grande que l'objet AB.

3° L'image $A''B''$ est 10 fois plus grande que $A'B'$ (exercice 1) ; elle est bien égale à : $40 \times 10 = 400$ fois l'objet AB.

3. Une lunette astronomique est définie par les données suivantes :

Distance focale de l'objectif $= 1$ mètre ;
Distance focale de l'oculaire $= 2$ centimètres ;
Distance de l'objectif à l'oculaire $= 102$ centimètres.

Une étoile A est sur l'axe.

Une étoile B est à une distance angulaire de A égale à l'angle sous lequel on verrait directement 1 demi-centimètre placé à la distance de 1 mètre.

On demande :

1° De démontrer que la distance A'B' des images des deux étoiles dans l'objectif est égale à 1 demi-centimètre ;

2° Que la distance angulaire des images A″ et B″ est égale à l'angle sous lequel on verrait 25 centimètres placés à la distance de 1 mètre.

1° La distance angulaire AOB des 2 étoiles (*Elève*, p. 283, fig. 130) est égale à l'angle A'OB', et l'énoncé dit que cet angle est celui sous lequel 1 demi-centimètre est vu à la distance de 1 m. Comme OA'=1 m., on a donc : A'B' = 1 demi-centimètre.

2° La distance angulaire des images A″ et B″, égale à la distance angulaire des images A' et B', est égale à l'angle sous lequel on voit A'B'=1 demi-centimètre placé à la distance de O'A'=2 cm, ou encore à l'angle sous lequel on voit $\frac{1^{cm}}{2} \times 50 = 25$ cm., placés à la distance de $2^{cm} \times 50 = 100$ cm. ou 1 m.

CHAPITRE XXIV

Chaleur rayonnante.

(Elève, p. 298.)

1. Un vase contenant 200 grammes d'eau présente au rayonnement du Soleil une surface noircie, plane, normale aux rayons et d'une étendue de 100 cm². En 2 minutes, ce vase s'échauffe de 3°. Calculer le nombre de calories absorbées par chaque centimètre carré en une minute.

Quantité de chaleur absorbée par l'eau en 2 min.: $1^c \times 200 \times 3 = 600$ calories.
Quantité de chaleur absorbée par minute... $600^c : 2 = 300$ calories.
Quantité de chaleur absorbée par chaque cm² en 1 min... $300^c : 100 = 3$ calories.

2. Le vase précédent, contenant de la glace, est exposé au rayonnement du Soleil pendant une heure. Calculer le poids de glace fondue, sachant qu'il faut 80 calories pour fondre 1 gramme de glace.

Quantité de chaleur absorbée en 1 heure : $600^c \times 30 = 18\,000$ calories.
Poids de glace fondue... $18\,000 : 80 = 225$ g.

TROISIÈME ANNÉE

LE SON

CHAPITRE Iᵉʳ

Nature du son. — Vitesse de propagation.

(Elève, p. 310.)

Tracer le graphique du mouvement d'un pendule. On supposera que le pendule bat la seconde et qu'il s'écarte de 1 centimètre de part et d'autre de sa position d'équilibre.

On recommencera ce même graphique en supposant que l'écart du pendule diminue de 1 millimètre à chaque oscillation jusqu'au moment où il s'arrête.

LES AIMANTS

CHAPITRE IV

Déclinaison. — Boussole.

(Elève, p. 326.)

1. On veut diriger un navire droit à l'est. Quel angle doit faire l'axe du navire avec l'aiguille aimantée : 1° si la déclinaison est 30° et occidentale ; 2° si la déclinaison est 30° et orientale ?

1° 90° + 30° = 120° ; 2° 90° − 30° = 60°.

2. Avec la boussole d'arpenteur, aiguille aimantée mobile sur un cercle gradué, on vise successivement deux directions. Montrer comment la lecture des deux positions de l'aiguille permet d'obtenir l'angle des deux directions.

L'angle des 2 directions est égal à l'angle dont il faut faire tourner la boussole autour de son axe, pour viser le point B, après avoir visé le point A. (*Elève*, p. 321, fig. 20). Il suffira de faire la différence des deux lectures du cercle gradué.

LE COURANT ÉLECTRIQUE

CHAPITRE VII

Pile électrique. — Divers éléments. — Force électromotrice.

(Elève, p. 347.)

1. Un voltmètre dont les bornes sont réunies aux fils qui servent à l'éclairage électrique marque 120 volts. Pour produire la même déviation, combien faut-il d'éléments Daniell?

120 éléments.

2. Même question en remplaçant les éléments Daniell par des éléments d'accumulateur.

60 éléments.

CHAPITRE VIII

Electrolyse. — Intensité des courants.

(Elève, p. 352.)

1. Figurer en vraie grandeur une éprouvette de 11 cm³ qui se remplit d'hydrogène par le passage de 100 coulombs.

100 coulombs dégagent : $\dfrac{11^l,2 \times 100}{100\,000} = 0^l,011$ ou 11^{cm3} d'hydrogène. L'éprouvette, facile à figurer, sera entièrement remplie d'hydrogène.

2. Quel est le temps nécessaire : 1° en secondes, 2° en minutes, 3° en heures, pour obtenir 11,2 litres d'hydrogène au moyen d'un courant égal à 1 ampère?

1° 100 000 secondes ; 2° 100 000 : 60 = 1 666 minutes 40 secondes;
3° 100 000 : 3 600 = 27^{h}46^{m}40^s.

Avec le nombre 96 600 coulombs, plus rigoureux que 100 000, on obtiendrait les réponses : 96 600 s. ; 1 610 m. ; 26^{h}50^m.

3. Un courant de 4 ampères traverse pendant une minute un sel d'argent. Quel est le poids de métal déposé sur la cathode?

Débit du courant : $4 \times 60 = 240$ coulombs.

Poids de métal : $\dfrac{108^g \times 240}{100\,000} = 0^g,259$ (en toute rigueur, $0^g,262$).

CHAPITRE IX

Applications de l'électrolyse : Électrochimie
Galvanoplastie. — Accumulateurs.

(Elève, p. 359.)

1. On électrolyse du chlorure de sodium fondu. Combien faut-il faire passer de coulombs pour obtenir 92 grammes de sodium? Le sodium est un métal monovalent représenté par le symbole Na = 23.

Il faut : $\dfrac{100\,000 \times 92}{23} = 400\,000$ coulombs (en toute rigueur : 386 400 coulombs).

2. Un accumulateur chargé dont les plaques pèsent 5 kilogrammes peut donner 9 ampères-heures par kilogramme de plaques. Quelle quantité d'électricité peut-il restituer?

Combien de temps durera sa décharge si on lui fait produire un courant de 3 ampères? de 2 ampères? de 1 ampère?

L'accumulateur peut restituer : $32\,400^c \times 5 = 162\,000$ coulombs.
Temps que durera la décharge, sur 3 ampères... $162\,000 : 3 = 54\,000$ s. ou 15 h. ; sur 2 ampères... $22^h 30^m$; sur 1 ampère... 45 h.

CHAPITRE X

Résistances électriques. — Loi de Ohm.

(Elève, p. 367.)

1. Une lampe à incandescence alimentée par le secteur, qui fournit 120 volts, est parcourue par un courant de 0,4 ampère. Quelle est sa résistance?

R $= 120 : 0,4 = 300$ ohms.

2. La f. é. m. d'une pile est 1,8 volt. Sa résistance est 0,5 ohm. On réunit ses pôles par un fil de résistance 1 ohm. On demande l'intensité du courant ainsi obtenu.

Résistance totale du circuit : $0,5 + 1 = 1,5$ ohm.
Intensité du courant : $I = 1,8 : 1,5 = 1,2$ ampère.

CHAPITRE XI

Chauffage et éclairage électriques.

(Élève, p. 374.)

1. Au prix de 60 centimes le kilowatt, quelle est la somme dépensée en 1 heure : 1° par une lampe à incandescence (§ 69); 2° par une lampe à arc (§ 70).

Pour l'ampoule dont il est question au § 69, la puissance consommée est 60 watts. (*Élève*, p. 371.) Le travail dépensé en 1 heure est 60 watts-heures, ou 0,06 kilowatts-heures, coûtant $0^{fr},60 \times 0,06 = 0^{fr},036$.

Pour la lampe à arc du § 70, la puissance consommée est 400 watts. Le travail dépensé en 1 heure est 0,4 kilowatt-heure, coûtant $0^{fr},60 \times 0,4 = 0^{fr},24$.

2. Dans un fil en plomb, on fait passer un courant électrique d'intensité croissante, qu'arrivera-t-il? (Le plomb fond à 330°.)

Le dégagement de chaleur, en vertu de la loi de Joule, deviendra de plus en plus grand, et quand l'intensité du courant sera suffisante, le plomb fondra. Cette propriété a reçu une application intéressante dans les appareils de sécurité désignés sous le nom de *coupe-circuits*. Sur les canalisations qu'on veut préserver de courants accidentels trop intenses, on intercale souvent des *plombs fusibles* de quelques cm. de longueur, qui doivent fondre et interrompre le circuit dès que le courant atteint une limite qu'on ne veut pas dépasser.

3. Figurer la disposition de 4 ampoules électriques ordinaires entre les fils d'une canalisation à 120 volts.

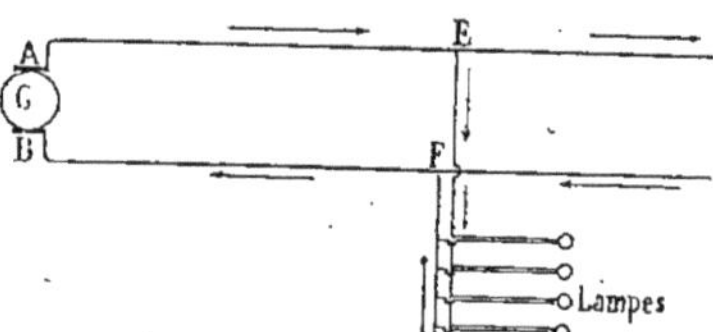

Les lampes sont installées en dérivation, entre 2 conducteurs, tels que E et F, reliés aux pôles du générateur G qui établit entre eux le voltage voulu, 120 volts.

4. Figurer la disposition de 4 lampes à arc entre les fils d'une canalisation à 120 volts.

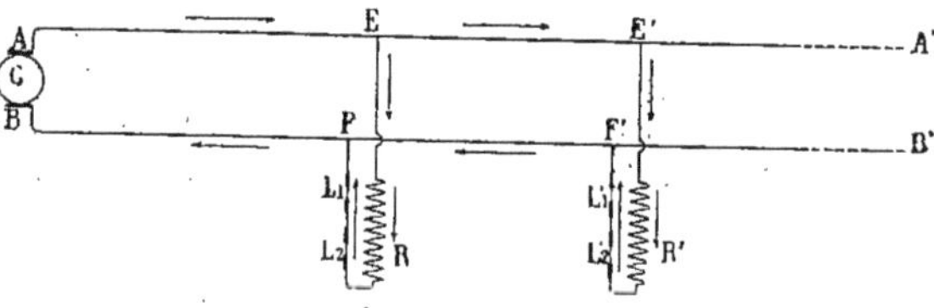

Une lampe à arc exigeant environ 50 volts, on pourra placer 2 dérivations comprenant chacune 2 lampes L_1, L_2; L'_1, L'_2, en série, avec un rhéostat R et R' pour régler le courant. Chaque lampe absorbera 50 volts ; le rhéostat absorbera le reste, 20 volts.

5. Un tramway électrique marche à 600 volts et il s'éclaire par son propre courant. Figurer la disposition de 5 ampoules électriques qu'il peut éclairer.

Les 5 lampes doivent être placées en série. En effet, supposons que chaque lampe ait une résistance de 240 ohms. En fonctionnant sur 120 volts, c'est-à-dire normalement, chaque lampe serait parcourue par un courant de $120 : 240 = 0,5$ ampère. En plaçant ces 5 lampes en série, leur résistance totale est $240 \times 5 = 1\,200$ ohms, et l'intensité du courant qui traverse chaque lampe est bien :
$$600 : 1\,200 = 0,5 \text{ ampère.}$$

6. Faire une figure représentant en vraie grandeur la section circulaire des charbons dans un four électrique alimenté par 10 000 ampères, à raison de 1 centimètre carré pour 5 ampères.

La section des charbons doit être : $10\,000 : 5 = 2\,000$ cm².

La section a donc pour rayon $\sqrt{2\,000 : 3,14} = 25^{\text{cm}},2$.

CHAPITRE XII

Actions réciproques d'un courant et d'un aimant.

(Elève, p. 382.)

1. Dans un galvanomètre dont la résistance est 10 000 ohms, un courant de un millionième d'ampère déplace l'aiguille de 10 centimètres. Quelle est la différence de potentiel établie entre les bornes? Quelle est la différence de potentiel qu'il faut établir entre les bornes pour avoir une déviation de 5 millimètres, en supposant que la graduation est à traits équidistants ?

La différence de potentiel établie entre les bornes est :
$$E = IR = 0,000001 \times 10\,000 = 0^{\text{volt}},01.$$

Une déviation de 10 cm. étant produite par une différence de potentiel de $0,01$, pour avoir une déviation de 5 mm. ou $0^{\text{cm}},5$, il faudra établir entre les bornes une différence de potentiel de : $\dfrac{0^{\text{v}},01 \times 0,5}{10} = 0^{\text{volt}},0005$.

Ce galvanomètre, ayant une *résistance extrêmement élevée*, est un voltmètre ; il est très sensible, puisqu'il permet d'apprécier des différences de potentiel de l'ordre du dix-millième de volt : c'est un *millivoltmètre*.

2. On gradue un ampèremètre en l'intercalant, en série, avec une résistance variable R dans le circuit d'une batterie dont la f. é. m. est égale à 63 volts. Calculer les valeurs successives qu'il faut donner à R pour obtenir toutes les dizaines d'ampères jusqu'à 100 ampères.

L'ampèremètre est un galvanomètre de très faible résistance ; nous considérerons donc sa résistance comme nulle. La formule de Ohm donne $R = \dfrac{E}{I} = \dfrac{63}{I}$

En faisant successivement $I = 10, 20, 30, ..., 100$, on obtient pour valeurs correspondantes de R, en ohms :

$6,3 - 3,15 - 2,1 - 1,575 - 1.26 - 1,05 - 0,9 - 0,7875 - 0,7 - 0,63.$

Ce problème nous donne une idée du procédé employé pour graduer un ampèremètre.

CHAPITRE XIII

Aimantation par les courants. — Electro-aimant.

(Elève, p. 390.)

1. Le fil télégraphique offre une résistance de 8 ohms par kilomètre. Quelle est la résistance de la ligne Paris-Marseille, dont la longueur est de 860 kilomètres ?

Résistance de cette ligne : $8 \times 860 = 6\,880$ ohms.

2. Le courant nécessaire pour actionner un récepteur télégraphique étant 10 milliampères, combien faut-il employer d'éléments Daniell pour télégraphier sur la ligne précédente ?

F. é. m. du courant nécessaire : $0,010 \times 6\,880 = 68^{volts},8$. Il faudra 69 éléments Daniell.

3. Une sonnerie ayant une résistance de 8 ohms est réunie à une batterie d'éléments Leclanché, la résistance du circuit, en outre de la sonnerie, étant égale à 4 ohms. Quel est le nombre des éléments nécessaire, sachant que la sonnerie exige un courant de 0,5 ampère ?

Résistance totale du circuit : $8 + 4 = 12$ ohms. F. é. m. du courant nécessaire : $0,5 \times 12 = 6$ volts. Il faudra employer $6 : 1,5 = 4$ éléments Leclanché.

CHAPITRE XIV

Machine Gramme. — Moteurs et dynamos.

(Elève, p. 397.)

On relève toutes les 10 minutes les volts et les ampères d'une dynamo et on obtient le tableau suivant :

Minutes	Volts	Ampères
0	110	24
10	112	25
20	110	24
30	108	52
40	106	26
50	110	27
60	114	28

Calculer l'énergie fournie dans ce temps par la dynamo.

La puissance de la dynamo, c'est-à-dire le travail produit en 1 s., est donnée par la formule $W = EI$. Pendant chaque période de 10 minutes ou 600 s., l'énergie fournie est $W = EI \times 600$. L'énergie totale est donc :

$$600\,(112 \times 25 + 110 \times 24 + 108 \times 25 + 106 \times 26 + 110 \times 27 + 114 \times 28) = 11\,434\,800$$

joules.

CHAPITRE XV

Courants d'induction.

(Elève, p. 402.)

1. Faire une figure analogue à la figure 84, mais se rapportant au courant induit par un éloignement d'un pôle N.

Enfonçons le pôle N dans la bobine, puis éloignons-le de la bobine. Le flux magnétique Φ issu de l'aimant décroît. Le flux induit Φ' est donc de même sens que le flux inducteur. Le courant induit est, par suite, tel (flèche I') que sa gauche est en bas de B.

Il suffit de refaire la fig. 84, en dirigeant les flèches f, Φ', I', et le courant induit en sens inverse.

2. Faire des figures analogues à la figure 84, mais se rapportant au courant induit par l'approche d'un pôle Sud.

Enfonçons le pôle S dans la bobine. Le flux magnétique Φ croît. Le flux induit Φ' est donc de sens contraire au flux inducteur. Le courant induit est tel (flèche I') que sa gauche est en bas de B, c'est-à-dire de même sens que dans l'exercice précédent. On voit donc qu'*éloigner un pôle nord équivaut à approcher un pôle sud.*

Il suffit de refaire la fig. 84, en dirigeant les flèches Φ, Φ', I', et le courant induit en sens inverse.

3. Un cadre circulaire placé dans un champ uniforme tourne, d'un mouvement uniforme autour d'un diamètre perpendiculaire aux lignes de force. Déterminer le sens des courants induits qui le traversent dans chacune de ses positions. Pour quelle position du cadre le courant induit s'annule-t-il ?

Les constructions demandées se font aisément en appliquant les lois des courants induits. Le courant induit s'annule, en changeant de sens, quand le plan du cadre devient perpendiculaire aux lignes de force.

CHAPITRE XVI

Transformateurs. — Bobine de Ruhmkorff.

(Elève, p. 408.)

1. Dans un transformateur le primaire a 40 spires et le secondaire 4000 spires. Le courant inducteur alternatif est équivalent à un courant continu de 25 ampères sous 8 volts. On demande le voltage, l'ampérage et la puissance du courant secondaire.

SEBDAN. — CORRIGÉ DES EXERC. ET PROBL.   4

Le rapport du nombre des tours du primaire et du secondaire est :

$40 : 4000 = \dfrac{1}{100}$. Le voltage du secondaire est donc 100 fois plus fort que celui du primaire, soit $8 \times 100 = 800$ volts. L'ampérage du secondaire est 100 fois plus faible que celui du primaire, soit $25 : 100 = 0^a,25$.

La puissance du secondaire est la même que celle du primaire, soit : 25×8 ou $800 \times 0,25$, c'est-à-dire 200 watts.

2. Le courant ainsi obtenu est lancé dans un voltamètre, que se passe-t-il au point de vue de la quantité d'électrolyte décomposé ? Il est lancé dans un fil très fin, que se passe-t-il au point de vue de la quantité de chaleur dégagée ? — Comparer les effets chimiques et calorifiques du courant secondaire à ceux que donnerait le courant primaire.

Par seconde, le courant secondaire débite 0,25 coulomb qui libère $\dfrac{0,25}{100\,000}$ de valence-gramme. Par seconde, le courant secondaire, lancé dans un fil très fin, dégage une quantité de chaleur égale à 200 joules.

Le courant primaire libérerait $\dfrac{25}{100\,000}$ de valence-gramme et dégagerait 200 joules ; ses effets chimiques seraient donc 100 fois plus grands que ceux du secondaire ; ses effets calorifiques seraient les mêmes.

SUJETS D'EXAMEN

1. Décrivez un thermomètre. Comment sont déterminées les divisions que porte cet instrument ? La distance qui sépare 2 divisions est-elle la même dans tous les thermomètres ? Pourquoi le canal thermométrique a-t-il la même section dans toute sa longueur ? Comment vous y prendriez-vous pour déterminer la température de l'air d'une salle, du corps humain ? Quelle indication donne un thermomètre lorsqu'on en place le réservoir dans la glace qui fond, dans la bouche ? Quelle indication donne-t-il quand la température de la salle est convenable ? Si on laisse tomber et s'y étaler une goutte d'eau sur le réservoir d'un thermomètre, l'appareil donnera-t-il la température de la goutte d'eau ? Justifiez vos réponses.

2. Décrivez un thermomètre médical. Différences qui existent entre sa graduation et celle d'un thermomètre ordinaire ; les justifier. Qu'arrive-t-il si l'on plongeait un thermomètre médical dans l'eau bouillante ? Pourquoi la colonne de mercure présente-t-elle une courbure et un rétrécissement ? Quelle précaution faut-il prendre avant d'utiliser ce thermomètre ?

3. Expériences simples montrant la dilatation des solides, des liquides et des gaz sous l'influence de la chaleur. Applications.

4. Définir la chaleur spécifique d'un corps et l'unité de quantité de chaleur. Expliquer comment on peut déterminer la chaleur spécifique du cuivre au moyen d'un calorimètre.

5. Etudier, au moyen d'expériences simples, la fusion de la glace et la solidification de l'eau. Tirer de cette étude les lois de la fusion et de la solidification. Changements de volume qui accompagnent ces changements d'états. Conséquences et applications.

6. Citer quelques expériences montrant que les corps ne conduisent pas également bien la chaleur. Dans quelles circonstances utilise-t-on les corps bons conducteurs et les corps mauvais conducteurs ?

7. Description d'une balance utilisée dans le commerce. Qualités que doit présenter cette balance. Décrire une méthode de pesée.

8. Comment empêche-t-on les corps de tomber ? Qu'entend-on par centre de gravité d'un corps ? De quoi dépend la stabilité des corps ?

9. Vases communicants à un liquide et deux liquides. Applications.

10. Comment montre-t-on que les liquides exercent une poussée sur les corps qui y sont plongés ? Comment mesure-t-on cette poussée ?

11. Détermination de la densité d'un liquide. Exposez les diffé-rents moyens que vous connaissez. — On donne 2 vases communi-cants, ayant 10 cm² de section, dans lesquels se trouve du mer-cure au même niveau. On verse d'un côté 200 cm³ d'eau. Que devient, de l'autre côté, le niveau du mercure ?

12. On met à votre disposition : une balance, des poids, un verre à boire, de l'eau distillée et un morceau de marbre. Dites com-ment vous procéderiez : 1º pour déterminer la sensibilité de votre balance ; 2º pour obtenir la densité du marbre ; 3º pour expri-mer, après détermination de sa densité, le poids spécifique du marbre. — En vous inspirant de l'expérience précédente, éta-blissez l'énoncé, avec données numériques, d'un problème devant donner 3 comme densité du marbre.

13. Décrivez avec précision l'expérience ou les expériences qui vous permettront de formuler le principe d'Archimède. — Applications : 1º le pèse-lait et l'alcoomètre : principe de ces appareils et utilisa-tion ; 2º détermination de la densité d'un corps solide de petit volume.

14. Vous utilisez un ascenseur hydraulique pour monter au 5ᵉ étage d'une maison. Quelles consignes avez-vous suivies ? Dé-crivez l'appareil et expliquez son fonctionnement.

15. Vous avez vu fonctionner un pressoir hydraulique. Indiquez les constatations que vous avez faites. Décrivez l'appareil et expli-quez son fonctionnement.

16. Description, accompagnée de croquis, d'un siphon d'eau gazeuse. Explication du fonctionnement. Pourquoi le gaz dissous dans l'eau se dégage-t-il lorsqu'on appuie sur le levier du siphon ? Rapprocher différents exemples de ce phénomène et citer quelques applications.

17. Décrire et interpréter 2 expériences qui permettent d'établir l'existence, le sens, la direction et l'intensité de la pression atmos-phérique. — On fait l'expérience du crève-vessie avec une mem-brane circulaire de 5 cm. de rayon. La pression barométrique est 748 mm. La membrane éclate au moment où la pression est ré-duite par la machine pneumatique à 15 cm. de mercure. Quelle est la force qui fait éclater la membrane ?

18. Qu'est-ce que la pression atmosphérique ? Sur quels corps agit-elle et dans quels sens s'exerce-t-elle ? Quels sont les faits ou les phénomènes que vous avez observés autour de vous, dans lesquels intervient la pression atmosphérique ? En particulier, quel est le rôle de la pression atmosphérique dans l'ascension d'un liquide dans un tube par lequel on aspire ; dans l'application d'une ven-touse ; dans l'emploi de la pipette et du compte gouttes ; dans le fonctionnement d'une pompe aspirante ? La pression atmosphé-rique s'exerce-t-elle sur notre corps et quels en sont les effets ? Décrire l'expérience de Torricelli. En donner une explication précise et en déduire une mesure numérique de la pression atmos-phérique.

19. Décrivez un baromètre à mercure à votre choix. Usages des baromètres.

20. Quel est le principe des baromètres métalliques? Dans quelles circonstances en avez-vous consulté un? Comment avez-vous fait? Décrivez-le et expliquez son fonctionnement? Montrez que ces appareils ont souvent une grande sensibilité. Dites leurs avantages et leurs inconvénients.

21. Qu'entend-on par force élastique d'un gaz? Manomètres. Description. Usages.

22. Quelles indications nous donne un manomètre? Décrivez 2 types de manomètre; expliquez leur fonctionnement. Usages des manomètres; importance de leurs indications.

23. Un gaz occupe un volume de 6 l. sous la pression de 2 atmosphères. Que se passe-t-il si la pression devient 2, 3, 4 fois plus grande ou plus petite? Décrivez, avec schémas, les appareils et les expériences permettant de vérifier les résultats que vous exprimerez. Énoncez la loi générale qui découle de ces expériences. Représentez graphiquement cette loi.

24. Les aérostats : principe, description, utilisation. Description d'un ballon-sonde et d'une « saucisse ».

25. En vertu de quel principe les ballons s'élèvent-ils dans l'atmosphère? Pourquoi, à un certain moment, cessent-ils de monter? Expliquez l'usage du lest. Comment s'effectue la descente? — On a un petit ballon de 10 dm³ gonflé à l'hydrogène. Quel poids minimum faut-il y suspendre pour l'empêcher de s'élever, sachant que l'enveloppe pèse 8 gr. ?

26. La pompe à bicyclette : son fonctionnement pour gonfler un bandage pneumatique La pression du gaz introduit dans la chambre à air a-t-elle une limite? Laquelle? Pourquoi gonfle-t-on moins les pneumatiques quand il fait très chaud? La pompe à bicyclette est-elle comparable à un soufflet de cuisine?

27. Décrire une machine pneumatique et expliquer son fonctionnement.

28. Décrivez la pompe aspirante; son fonctionnement. Comparez son dispositif avec le dispositif de raréfaction des gaz.

29. Qu'est-ce qu'un siphon? Comment s'en sert-on? Dans quelles conditions un siphon peut-il fonctionner? Utilisation des siphons.

30. Expliquer le fonctionnement d'une seringue, qu'on comparera à celui d'une pompe aspirante. Quelle est la plus grande longueur qu'on puisse donner au tuyau d'aspiration? Pourquoi?

31. Instruments de physique servant à élever ou à transvaser les liquides. Principe sur lequel repose leur fonctionnement. Description succinte de ces instruments et marche du liquide dans chacun d'eux.

32. On chauffe une masse déterminée de gaz : 1° sous pression constante; 2° sous volume constant. Que se passe-t-il? Expériences simples le démontrant. Applications.

33. La formation des vapeurs dans le vide. Donner la notion de vapeur saturante. Circonstances qui influent sur la force élastique maxima des vapeurs. Cas de la vapeur d'eau.

34. L'ébullition de l'eau : description du phénomène. Lois de l'ébullition. La température d'ébullition d'un liquide dépend-elle de la pression qui s'exerce au-dessus de ce liquide ? Applications.

35. Distillation de l'eau, distillation du vin. Décrire brièvement, expliquer et comparer ces 2 opérations. Pourquoi est-il nécessaire de renouveler constamment l'eau du réfrigérant ? — Quelle masse de vapeur d'eau à 100° faudrait-il condenser dans une baignoire contenant 100 l. d'eau à 17° pour porter à 37° la température du mélange ? On sait que 1 g. de vapeur d'eau à 100° abandonne 537 cal. en se transformant en eau liquide à la même températaure. On ne tiendra pas compte de la chaleur communiquée à la baignoire elle-même.

36. Quels sont les phénomènes qui se produisent lors du chauffage de l'eau : 1° dans une casserole ; 2° dans une autoclave ; 3° dans un alambic ? Citer des applications.

37. Principe de la machine à vapeur.

38. La machine à vapeur : principaux organes et fonctionnement. Comment le mécanicien procède-t-il à la mise sous pression de la machine ?

39. Evaporation de l'eau. Quand dit-on qu'un air est saturé de vapeur d'eau ? Circonstances qui favorisent l'évaporation. Explication du phénomène de la rosée.

40. Qu'entend-on par pression maxima d'une vapeur ? Expliquez la formation de la rosée et des brouillards, à l'aide des expériences que vous avez vu réaliser et des observations que vous avez faites, et d'après l'existence de la pression maxima de la vapeur d'eau de l'air.

41. Décrivez les expériences que vous avez vu réaliser pour établir les lois de la réflexion. Quelles sont les images qu'on peut obtenir avec un miroir plan ? Expliquez-en la formation. — Un point étant situé entre 2 miroirs plans à angle droit, à 10 cm. de l'un et à 25 cm. de l'autre, construire géométriquement ses diverses images.

42. Par quelles observations et expériences simples peut-on mettre en évidence les propriétés d'un miroir concave ? Formation des images. On construira l'image d'un objet : 1° placé à une distance du miroir supérieure au rayon de courbure ; 2° placé au centre du miroir ; 3° placé entre le centre et le foyer.

43. Comment peut-on mettre en évidence la déviation produite par un prisme ? Comment varie-t-elle pour un même prisme ? Usages des prismes.

44. Où avez-vous vu des lentilles biconvexes ? Quelles sont les propriétés que vous leur connaissez ? Indiquez comment on établit ces propriétés. Intérêt pratique de ces lentilles.

45. Vous avez à manier une lanterne de projection. Décrivez-la et expliquez brièvement la formation de l'image.

46. Description sommaire d'un appareil photographique. Comment obtient-on un cliché, puis une épreuve positive? Comparer son fonctionnement à celui d'une lanterne de projection.

47. La loupe : marche des rayons, construction de l'image. Bien faire ressortir l'avantage qu'on trouve à faire usage d'une loupe.

48. Comparer la loupe, la lunette astronomique et le microscope (but, construction de l'image, mise au point).

49. Expériences simples prouvant la décomposition et la recomposition de la lumière.

50. Etudier la propagation du son dans l'air. Faits d'observation et expériences qui permettent de mesurer la vitesse du son dans l'air.

51. Le son : causes de sa production. Citer quelques expériences simples montrant qu'un corps sonore est un corps qui vibre. Réflexion du son : l'écho.

52. Expliquez ce qu'on entend par hauteur d'un son. Comment peut-on la mesurer? — Un corps sonore rend un son de hauteur 100. A quelle distance de ce corps faut-il placer un plan réfléchissant pour qu'une vibration déterminée fasse retour du point de départ à l'instant précis où cesse cette même vibration incidente?

53. Quelles expériences avez-vous vu réaliser à l'aide d'aimants? Une poudre étant formée d'un mélange de fer et de fleur de soufre, comment ferez-vous pour séparer le fer du soufre? Comment, à l'aide d'une aiguille aimantée, reconnaîtrez-vous si un barreau de fer est aimanté?

54. Dites ce que vous savez sur l'aimantation par influence : fer doux, acier ; spectres magnétiques.

55. Description et fonctionnement d'une boussole. Comment vous servez-vous d'une boussole? Vous suffit-il d'avoir une boussole pour vous diriger?

56. Qu'est-ce que la déclinaison? Etudiez la déclinaison des divers lieux sur un même parallèle géographique. Décrivez une boussole et expliquez ses usages.

57. Etablir à l'aide d'expériences que, par le frottement, tous les corps peuvent être électrisés. Pourquoi les 2 sortes d'électricité sont-elles appelées l'une positive, l'autre négative?

58. Décrire la charge d'un électroscope condensateur, d'une bouteille de Leyde. Expliquer le phénomène de la condensation,

59. Un nuage électrisé négativement se rapproche lentement d'un village et passe à quelques centaines de mètres du clocher muni d'un paratonnerre. Quels phénomènes observe-t-on? Décrire une expérience simple montrant le rôle d'un paratonnerre. Quels sont les principaux effets de la foudre?

60. Comment reconnaîtriez-vous que, dans un fil conducteur, passe un courant électrique? Vous faites passer le courant élec-

trique : 1° dans de l'eau acidulée; 2° dans une solution de sulfate de cuivre. Que se produit-il ? Donner quelques applications de l'électrolyse.

61. Le courant électrique ; ses propriétés principales établies par l'expérience. — Dans une expérience de décomposition de l'eau par le courant électrique, qui a duré 2 minutes et demie, on a obtenu 14 cm³ d'hydrogène. On demande : 1° le poids d'eau décomposée ; 2° le temps au bout duquel le courant employé aura fait baisser le niveau du liquide de 1ᵐᵐ, les éprouvettes étant enlevées dès qu'elles sont remplies de gaz et remplacées immédiatement par d'autres, sachant que le vase du voltamètre est, à l'endroit du niveau du liquide, cylindrique circulaire de 10ᶜᵐ,5 de diamètre.

62. Les piles électriques. — 2 éléments Leclanché, chacun de f. é. m. 1ᵛᵒˡᵗ,4 et de résistance intérieure 1ᵒʰᵐ, montés en série, actionnent une sonnerie dont la résistance, y compris celle des fils conducteurs, est 5ᵒʰᵐˢ. Calculer l'intensité du courant.

63. Décrivez une expérience d'électrolyse que vous avec vue. Enoncez les lois générales de l'électrolyse. — On a fait passer dans un voltamètre à eau acidulée, pendant 10 minutes, un courant électrique qui a fait dégager, dans une éprouvette unique recouvrant les 2 électrodes, un volume gazeux de 69 cm³. On demande l'intensité moyenne du courant. Le courant aurait-il la même intensité si, supprimant le voltamètre, on réunissait les 2 fils qui y aboutissent ?

64. Décrire quelques expériences montrant que le courant électrique peut produire des décompositions chimiques. Application à la galvanoplastie. Calculer en cm³ le volume du chlore susceptible d'être mis en liberté en 10 minutes au moyen d'un courant de 0ᵃᵐᵖᵉʳᵉ,52.

65. Les accumulateurs : description, fonctionnement, usages.

66. Enoncer la loi de Ohm et définir les unités pratiques d'intensité, de f. é. m. et de résistance.

67. Décrire quelques expériences simples montrant les effets calorifiques du courant. Enoncer les lois de Joule. Applications.

68. L'éclairage électrique.

69. Action réciproque des courants sur les aimants : expérience d'Œrstedt; règle d'Ampère. Application à l'étude des galvanomètres : 1° à aimant mobile ; 2° à cadre mobile.

70. Aimantation par les courants. Electro-aimant. Principe du télégraphe.

71. Le télégraphe Morse : principe; dispositif général des appareils.

12-1926. — SAINT-CLOUD. — IMPRIMERIE PAUL BELIN.

BIBLIOTHEQUE NATIONALE DE FRANCE
3 7502 01806880 1